全国中医药行业高等教育"十四五"创新教材

生理学实验

（供中医学、中西医临床医学、针灸推拿学等专业用）

主　编　高剑峰　张文靖

全国百佳图书出版单位
中国中医药出版社
·北 京·

U0654502

图书在版编目（CIP）数据

生理学实验 / 高剑峰，张文靖主编 . —北京：中国中医药出版社，
2021.8（2024.11 重印）

全国中医药行业高等教育"十四五"创新教材

ISBN 978 – 7 – 5132 – 6991 – 9

Ⅰ . ①生… Ⅱ . ①高… ②张… Ⅲ . ①生理学—实验—
中医学院—教材 Ⅳ . ① Q4–33

中国版本图书馆 CIP 数据核字（2021）第 093342 号

中国中医药出版社出版

北京经济技术开发区科创十三街 31 号院二区 8 号楼

邮政编码 100176

传真 010 – 64405721

河北盛世彩捷印刷有限公司印刷

各地新华书店经销

开本 787 × 1092 1/16 印张 13.25 字数 291 千字

2021 年 8 月第 1 版 2024 年 11 月第 7 次印刷

书号 ISBN 978 – 7 – 5132 – 6991 – 9

定价 52.00 元

网址 www.cptcm.com

服 务 热 线 010-64405510

购 书 热 线 010-89535836

维 权 打 假 010-64405753

微信服务号 zgzyycbs

微商城网址 https://kdt.im/LIdUGr

官 方 微 博 http://e.weibo.com/cptcm

淘宝天猫网址 http://zgzyycbs.tmall.com

如有印装质量问题请与本社出版部联系（010 – 64405510）

全国中医药行业高等教育"十四五"创新教材

《生理学实验》编委会

主　　编　高剑峰　张文靖

副 主 编　王红伟　张松江　刘　永

编　　委（按姓氏笔画排序）

　　　　　王　权　王　峰　尹　娜　武　鑫　罗天霞　赵献敏

编写说明

　　生理学是一门重要的医学基础课程。该课程既注重学生理论知识的学习，也注重培养学生实践操作的能力，使学生形成严谨的实验态度和科学的实验作风，为以后医学知识的学习打下坚实的基础。本书的编写从我校实验教学实际出发，结合近年来实验方法的改进及教学软件的更新，对实验具体操作重新进行修订编写。

　　全书共分为基础性实验、综合性实验和附篇三部分：基础性实验共 42 个实验项目，包括常用实验动物的基本操作和生理学有关章节的具体操作性实验；综合性实验共 14 个实验项目，将生理学基本实验操作和相关影响因素结合起来，帮助学生综合全面理解生理学知识；附篇介绍了实验结果的整理及实验报告撰写的要点、常用实验器材的使用方法、常用溶液的配制方法，以及 BL-420F 生物机能实验系统的具体使用方法。

　　本书大部分实验配以丰富的插图和实验流程图，帮助学生在预习时形成清晰的实验思路，提高实验的成功率，增加学生实验的积极性。同时，为适应教学需求，本书特别详细撰写了医学院校生理学实验教学中常开展的实验。本书适合中医学、针灸推拿学、中西医临床医学及其他医学类相关专业学生使用。

　　由于编写时间紧迫，加之编者水平所限，本教材难免存在不足之处。欢迎同行专家、广大师生及读者提出批评与建议，以利于今后进一步修订和完善。在此致以我们诚挚的谢意！

《生理学实验》编委会

2021 年 5 月

目　录

第二部分　综合性实验

第三部分　附篇

第一部分　基础性实验

实验一　常用实验动物的基本操作 ▷▷▷

【实验目的】

1. 掌握实验动物的捉拿、麻醉、固定及处死方法。
2. 熟悉实验动物的分组、给药途径及常用的麻醉药品。
3. 了解实验动物的脱毛及取血方法。

【实验对象】

大鼠、小鼠、家兔、蟾蜍、豚鼠、狗、猫。

【实验用品】

组织剪、眼科剪、组织镊、眼科镊、止血钳、毛细玻璃管、注射器、烧杯、纱布、药棉、绷带、电子秤、鼠笼、帆布手套、3% ～ 5% 苦味酸溶液、生理盐水、戊巴比妥钠、20% 氨基甲酸乙酯溶液。

【实验步骤】

1. 实验动物的选择　生理学常用的实验动物有蛙类、大鼠、小鼠、家兔等。实验前选择健康状况良好的动物是获得理想实验结果的关键之一。健康的实验动物对麻醉和手术操作的耐受性好，实验结果误差也较小。一般来说，健康的温血动物通常有毛色光亮、食欲良好、反应灵敏且活泼好动等特征。

（1）蟾蜍　蟾蜍的心脏在离体情况下能节律性跳动很久，故常用于心脏生理、病理和药理实验。蟾蜍的坐骨神经 – 腓肠肌标本离体后可长时间保持活性，可用于观察刺激和反应的关系，也可用于坐骨神经的电活动等研究。

（2）家兔 家兔性格温顺、易于饲养、繁殖率高、价格低廉且可复制出多种实验模型，是生理学实验中较常用的实验动物。常用于观察呼吸、血压及尿生成的影响因素研究，也可用于酸碱平衡紊乱、钾代谢障碍、炎症、休克等研究。

（3）大鼠 大鼠胆小易于提取、抗病力较强且对各种刺激敏感，可用于多种实验研究。如用于营养代谢研究、内分泌研究、药物安全评价、药效研究及高级神经活动方面的研究等。由于大鼠垂体 – 肾上腺和高级神经很发达，在生理学实验中也常用来做应激反应研究。

（4）小鼠 小鼠胆小易于提取、繁殖力极强，在实验研究中应用较为广泛。如可进行药物的筛选、半数致死量等实验动物需要量大的实验，还能进行肿瘤学、遗传学等方面的研究。

（5）豚鼠 又名荷兰鼠。因其易于致敏，常被用于过敏性休克和变态反应等免疫学相关研究，另外其对结核杆菌、白喉杆菌、鼠疫杆菌等病原体十分敏感，也常用于相关疾病及治疗药物研究。

2. 实验动物的分组及标记编号

（1）分组 实验动物的分组按随机平均分组原则。一般小型动物（如小鼠、大鼠、豚鼠等）每组 10 只，大型动物（如家兔、狗、猫等）可酌减，每组 4 ～ 6 只。实验方法另有规定者除外。

（2）标记方法

1）染色标记法 取适量化学药品涂染在动物的被毛、四肢等身体明显部位对实验动物进行标记，即为染色标记法。该方法是实验室最常用、最易掌握的方法。常用的涂染化学药品有：①红色：0.5% 中性红或品红溶液；②黄色：3% ～ 5% 苦味酸溶液；③咖啡色：2% 硝酸银溶液，涂后须光照 10min；④黑色：煤焦油的酒精溶液。

染色标记法的编号原则是"先左后右，先上后下"。一般习惯将染料涂染在左前肢上为 1 号，左侧腹部为 2 号，左后肢为 3 号，头部为 4 号，背部为 5 号，尾部为 6 号，右前肢为 7 号，右侧腹部为 8 号，右后肢为 9 号；如有 10 只动物，第 10 只动物可以不染色，记为 10 号。如果动物编号超过 10，可采用双色涂染法，用两种颜色的染色剂同时进行标记，例如用红色染色标记作为十位数，黄色染色标记作为个位数进行编号。个位数的染色标记方法同单色涂染法；十位数的染色标记方法参照单色涂染法，即左前肢为 10 号、左侧腹部为 20 号、左后肢为 30 号、头部为 40 号、背部为 50 号、尾部为 60 号、右前肢为 70 号、右侧腹部为 80 号、右后肢为 90 号，第 100 号不做染色标记。如标记第 15 号实验动物，可在其左前肢涂染红色，背部涂染黄色。双色法色法可标记 100 位以内的号码。

染色标记法简单方便，动物无疼痛和损伤，但若实验时间长，涂染剂自行退色或由于动物之间相互摩擦、舔毛等，易造成标记不明显。因此，染色标记法多用于实验周期短、动物数量少的实验。若慢性实验采用该方法标记，应注意不断补充和加深染色。另外，常用染色剂的毒性对实验动物的影响也是需要注意的一个问题。

2）耳孔法　是用打孔机直接在实验动物耳朵的不同部位打孔或用剪刀在实验动物耳朵的不同部位剪缺口，作为区分实验动物的标记的一种方法。在耳朵打孔或剪缺口后，必须用消毒过的滑石粉抹在局部，以免伤口愈合过程中将耳孔闭合。

3）足趾切断法　即通过剪去不同的脚趾从而进行编号区分的方法。

4）挂牌法　是将不同号码压在金属号码牌上，然后将金属牌固定在动物耳朵上或挂在实验动物颈部、肢体或笼具上，用来区别实验动物的一种方法。金属牌应选用不生锈、刺激小的金属材料，制成轻巧、美观的小牌子。

实验人员可根据实验动物品种、实验类型及实验方式，选择合适的标记编号方法。一般来说，大、小鼠多采用染色法，家兔常采用耳孔法，犬、猴、猫较适合挂牌法，犬还可用烙印法。

3. 实验动物的捉拿和固定

（1）蛙和蟾蜍　取蛙或蟾蜍1只，右手持蛙或蟾蜍，将其腹部贴近左手手掌，以左手中指、无名指和小指压住其上肢和后肢，拇指和食指分别压住背部和头端进行固定（图1-1）。抓取蟾蜍时，切勿挤压两侧耳部突起的毒腺，以免毒液射入眼中。

图1-1　蛙和蟾蜍捉拿法

（2）小鼠　右手抓住鼠尾中部轻轻提起，将小鼠置于鼠笼或实验台上（切勿悬空，防止其回头咬伤），鼠会本能地向前爬行，用左手拇指、食指和中指抓住小鼠两耳后颈背部皮肤，然后将鼠体翻转向上固定在左手掌心，拉直躯干，以无名指及小指夹住小鼠尾部（图1-2）。小鼠性格温和，一般无须戴手套捕捉，但要提防被咬伤。如操作时间较长，可麻醉后固定于小鼠固定板上。

图1-2　小鼠捉拿法

图1-3　大鼠捉拿法

（3）大鼠　大鼠的捉拿方法与小鼠基本相同。大鼠在惊恐或激怒时会咬人，捉拿时可戴防护手套。捉拿时握住大鼠的整个身体，并固定头部，防止被咬伤（图1-3）。若需进行手术或尾静脉注射，可将大鼠置于固定笼内或捆绑四肢。

（4）豚鼠　豚鼠胆小易惊，捉拿时忌粗暴。先用右手手掌迅速扣住豚鼠背部，抓住其肩胛上方，将手张开，用手指握住其颈部，或握住身体四周，再拿起来（不要握持太紧以免动物窒息死亡）。怀孕或体重较大的豚鼠，应以左手托住其臀部。如操作时间较长，则可将其固定于豚鼠手术台上（图1-4）。

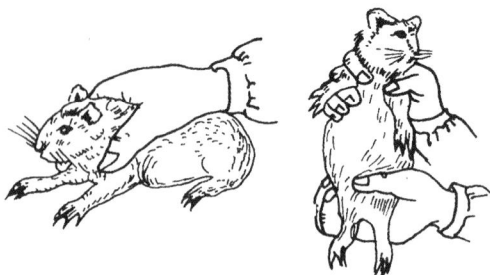

图1-4　豚鼠捉拿法

（5）家兔　右手抓住家兔颈背部皮肤轻轻提起，左手托住家兔臀部，放在实验台上，即可进行操作。若操作时需要家兔呈仰卧位，可一只手抓住家兔颈部皮肤将其翻转，另一只手自腹部抚摸至膝关节，换手臂压住膝关节后，进行捆绑固定。因实验中常用兔耳作采血、静脉注射等，捉拿时切忌抓提兔耳，以免造成兔耳损伤（图1-5）。

图1-5　家兔捉拿法

家兔的固定方法根据实验需要而定，常用兔台或兔盒固定。

1）兔台固定　将家兔四肢以四条粗棉绳活结绑住，前肢固定在腕关节以上，后肢固定在踝关节以上，拉伸四肢，将家兔成仰卧位用棉绳固定于兔台四周固定柱上，家兔头部用兔头固定器固定或用棉线钩住门齿，固定于兔台头端的铁杆上（图1-6）。

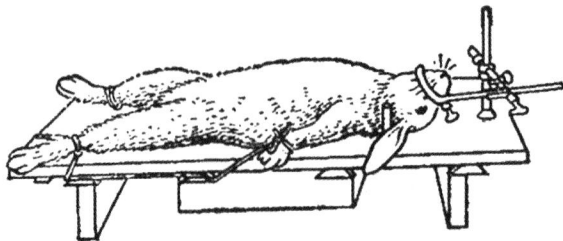

图1-6　兔手术台固定法

２）兔盒固定　将家兔放入兔盒固定器内，使其头部及双耳伸出兔盒前壁凹形口，关上兔盒顶盖（图 1-7）。

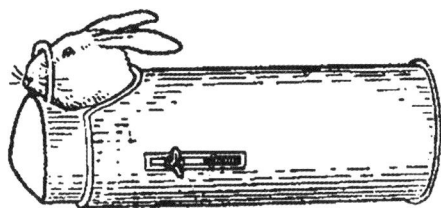

图 1-7　兔盒固定法

（6）狗　狗的性情较凶猛，为避免被其咬伤，实验前先要将狗嘴绑扎。若是驯服的狗，绑扎时可从侧面靠近，轻轻抚摸其颈背部皮毛进行安抚，然后迅速用固定带绑住其嘴，在上颌打个结，再绕回下颌打第二个结，最后将固定带牵引至头部，在颈项部打第三个结且在其上系一个活结，捆绑时注意绑扎的松紧度要适宜。对未经驯服的狗，应用长柄狗头钳夹住其颈部，将狗按倒在地，限制其活动，再按上述方法绑扎狗嘴。如需要麻醉，绑嘴后使其侧卧，一人固定其肢体，另一人注射麻醉剂。麻醉过程中应密切关注实验动物的状态，为避免实验动物窒息，在狗进入麻醉状态后，应及时移去狗头钳，解除绑嘴，把动物放在实验台上，用狗头固定器固定头部，固定前应将狗舌拽出口外，防止堵塞呼吸道。头部固定好后，将四肢进行固定，具体方法同家兔（图 1-8）。

图 1-8　狗嘴捆绑法

（7）猫　猫性情温顺，抓取时可用一只手捏住猫的颈部皮肤，另一只手托起四肢抱起。对凶暴的猫，可用皮手套或用网捉拿。

4. 实验动物麻醉方法

（1）非挥发性麻醉药

1）氨基甲酸乙酯　又名乌拉坦或乌来糖，是较温和的麻醉药，对动物麻醉作用强且起效迅速，安全范围大。该麻醉剂的麻醉过程较平稳，可导致较持久的浅麻醉。多数动物都可使用，更适于小动物，在生理学实验中，家兔急性实验中常用该药进行麻醉。该药易溶于水，使用时常配成 20% ～ 25% 水溶液。

2）水合氯醛　白色晶体，易吸收空气中的水分而潮解，有腐蚀性苦味。该药在水中的溶解度小，常配成 1% 水溶液。配好的溶液静置后易析出结晶，使用前宜先在水浴锅中加热，促其溶解，但加热温度不宜过高，以免影响药效。

3）戊巴比妥钠　白色结晶性的颗粒或白色粉末，无臭，味微苦，有引湿性，极易溶于水，用时配成 1% ～ 3% 生理盐水溶液。该药由静脉或腹腔给药进行麻醉。一次给药有效时间可延续 3 ～ 5h。动物麻醉后，常因麻醉药作用、肌肉松弛和皮肤血管扩张，致使体温缓慢下降，所以应设法保温。

4）苯巴比妥钠　为长效巴比妥类药物，该药作用持久，应用方便，在普通麻醉用量下对动物呼吸、血压和其他功能无显著影响。通常在实验前 0.5 ～ 1h 用药。但该药可致癌，大型动物应用后不可食用。

（2）挥发性麻醉药

1）乙醚　为无色透明液体，有特殊刺激气味，极易挥发。该药作为麻醉剂，安全性高，其麻醉量和致死量相差大，麻醉深度易于掌握，较为安全，而且麻醉后恢复比较快。多数动物都可应用，但乙醚不适用于大型动物。在麻醉初期实验动物易出现强烈兴奋现象，且对呼吸道有较强刺激性，因此，需在麻醉前 20 ～ 30min 皮下注射一定量的吗啡和阿托品进行基础麻醉。

2）氯仿　无色透明液体，有特殊气味，易挥发。对光敏感，遇光照会与空气中的氧作用，逐渐分解而生成剧毒的光气（碳酰氯）和氯化氢。其作为吸入麻醉药，麻醉作用比乙醚强，且诱导期及兴奋期短。但因其麻醉剂量和致死量较为接近，麻醉时易转入延髓麻醉期而危及生命，使用时应加以注意。一般与乙醚混合成 1 ∶ 1 或 1 ∶ 2 比例进行麻醉。麻醉方法基本同乙醚。

麻醉药种类较多，在实验时应根据需要进行选择（表 1-1）。例如，在慢性动物实验中，常通过吸入乙醚对实验动物进行麻醉；在急性动物实验中，狗、猫和大鼠常用戊巴比妥钠进行麻醉，家兔常用氨基甲酸乙酯进行麻醉。

表 1-1　常用麻醉药物的剂量和用法

麻醉药	实验动物	给药途径	给药剂量	配制浓度（%）	维持时间
戊巴比妥钠	狗、猫、兔	静脉 腹腔 皮下	30 ～ 35mg/kg 40 ～ 45mg/kg 40 ～ 50mg/kg	3 3 3	2 ～ 4h，中途加 1/5 量可多维持 1h 以上，麻醉力强，易抑制，呼吸变慢
	豚鼠	腹腔	40 ～ 50mg/kg	2	
	大鼠、小鼠	腹腔	40 ～ 85mg/kg	2	
乌拉坦	狗、猫、兔	静脉、腹腔 直肠	750 ～ 1000mg/kg 1500mg/kg	30 30	2 ～ 4h，应用安全，毒性小，更适用于小动物麻醉
	豚鼠、大鼠、小鼠	腹腔	1000 ～ 2000mg/kg	20	
	蛙类	皮下、淋巴囊	1 ～ 1.5mL/kg	20	
硫喷妥钠	狗、猫、兔	静脉	20 ～ 25mg/kg	2	15 ～ 30min，麻醉力强，注射宜慢，维持剂量酌情掌握
	大、小鼠	腹腔	每只 0.6 ～ 0.8mL	1	

麻醉药	实验动物	给药途径	给药剂量	配制浓度（%）	维持时间
巴比妥钠	狗	静脉	225mg/kg	20	4～6h，麻醉诱导期长，深度不易控制
	猫	腹腔 口服	200mg/kg 400mg/kg	5 10	
	兔	腹腔	200mg/kg	5	
	鼠类	皮下	200mg/kg	2	
苯巴比妥钠	狗、猫	腹腔 静脉	70～120mg/kg	3.5	同上
	兔	腹腔	150～200mg/kg	3.5	

（3）麻醉深度判断　实验动物的麻醉深度主要通过观察以下指标来进行综合判断。

1）呼吸　动物呼吸逐渐加快且不规则，说明麻醉深度过浅；呼吸由不规则逐渐变慢且规则平稳，说明麻醉已达合适深度；动物呼吸明显变慢且以腹式呼吸为主，说明麻醉深度过深。

2）反射活动　主要观察角膜反射。角膜反射灵敏，说明麻醉深度过浅；角膜反射迟钝，说明麻醉深度合适；角膜反射消失伴瞳孔散大，表明麻醉深度过深。

3）肌肉张力　动物肌张力亢进，说明麻醉深度过浅；全身肌肉松弛，说明麻醉深度合适。

4）皮肤夹捏反应　麻醉过程中随时用止血钳或有齿镊子夹捏动物皮肤，若反应灵敏，说明麻醉深度过浅；反应消失，说明麻醉深度合适。

（4）麻醉过量的处理方法　动物麻醉过量时，应按过量的程度采取不同的处理方法。

1）若动物呼吸极慢且不规则，但血压和心脏搏动仍正常，可用人工呼吸机，并配合使用苏醒剂（常用的苏醒剂有咖啡因、苯丙胺、尼可刹米等）。

2）若动物呼吸停止，血压下降，但仍有心脏搏动，应迅速施用人工呼吸机，同时静脉注射50%温热葡萄糖溶液5～10mL，并配以肾上腺素和苏醒剂。

3）若动物呼吸停止，心脏搏动极弱或刚停止时，应用5%CO_2和60%O_2的混合气体进行人工呼吸，同时注射温热葡萄糖溶液、肾上腺素和苏醒剂，必要时打开胸腔直接按摩心脏。

（5）实验动物用药量的确定和计算方法

1）实验动物用药量计算方法　动物实验所用的药物剂量，一般按mg/kg或g/kg计算。实验用的药品多在实验前配置成不同浓度的溶液，因此，在使用时应按药液的浓度换算出每千克体重实验动物应注射的药液毫升数，以方便给药。

2）人与动物的用药量换算方法　一般来说，对同一药物的耐受性动物比人大，也就是动物的单位体重用药量比人要大。按单位体重口服用药换算的话，若人的用药量为

1，小鼠、大鼠则为人用药量的 50 ～ 100 倍，兔、豚鼠为人用药量的 15 ～ 20 倍，狗、猫为人用药量的 5 ～ 10 倍。若给药途径为静脉、皮下或腹腔注射，则换算比例应适当减小。

5. 实验动物被毛去除方法

（1）剪毛法　该方法是急性动物实验中最常用的去除被毛法。将动物固定后，用剪刀紧贴动物皮肤依次剪去手术部位的被毛，剪下的被毛放入容器中，以免其到处飞扬，去除被毛部位的皮肤用湿纱布将残余的被毛擦干净。注意去除被毛时不要一手提起被毛，一手持剪刀剪毛，以免剪伤动物皮肤。

（2）拔毛法　一般用于家兔和狗的静脉注射局部的被毛去除。将动物固定后，直接拔掉注射部位的被毛即可。

（3）剃毛法　较大的动物进行慢性手术时常用该方法去除被毛。先将手术部位的被毛剪短，再用刷子蘸肥皂水将剪短的被毛充分浸湿，用剃毛刀顺着被毛方向把被毛剃干净。如用电动剃毛刀，应逆被毛方向剃毛。

（4）脱毛法　对大型动物进行无菌操作时适用该方法。先用剪刀将待脱毛部位的被毛剪短，用棉球蘸脱毛剂在其上涂成薄层，2 ～ 3min 后，用温水洗去脱落的被毛，再用纱布把该部位的水擦干，涂上一层凡士林即可。

6. 实验动物的给药途径和方法

（1）静脉注射

1）耳缘静脉注射　生理学实验中家兔给药常采用耳缘静脉注射。将耳缘部被毛拔除，用手指轻弹兔耳，促进静脉充血，用左手食指和中指压住耳根部，待静脉血液充盈后，用拇指和无名指压住远心端，将待注射的静脉拉直，以 30°角度进针刺入静脉后顺血管平行方向深入 1cm，将针头与兔耳固定，即可进行药物注射（图 1-9）。注射完毕，用棉球按压止血。

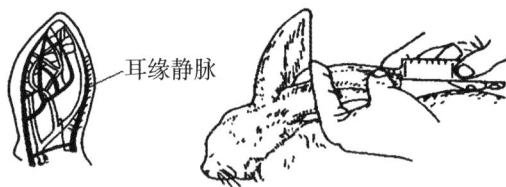

耳缘静脉

图 1-9　家兔耳缘静脉分布及注射图

2）尾静脉注射　小鼠、大鼠常采用尾静脉注射法。鼠尾静脉有三条，左右两侧及背侧各一条。注射前先将鼠置于特制的固定筒内，使鼠尾外露，将鼠尾拉直，绷紧，用 75% 酒精棉球擦拭或置入 40 ～ 50℃温水中浸泡片刻，使尾部静脉扩张。用左手食指、中指、无名指及大拇指将鼠尾固定，右手持注射器，使针头与尾部近似平行刺入尾静脉，一般选择距尾尖 1/4 或 1/3 处进针，此处皮肤较薄，血管清晰，进针容易且方便重复向尾根部移位注射。进针后可通过看有无回血来测试针是否在静脉内，有回血则可注射（图 1-10）。注射后以干棉球按压止血。

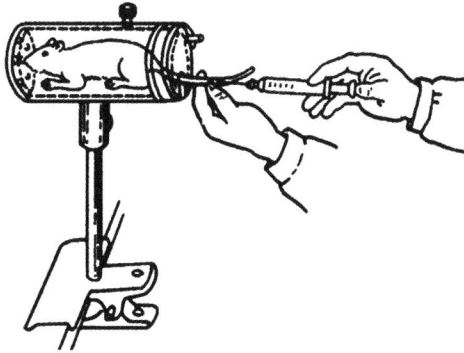

图 1-10　小鼠尾静脉注射

3）舌下静脉注射　大鼠舌下静脉粗大，给药时也可采用舌下静脉给药。注射时，先将大鼠麻醉，用止血钳将大鼠舌头拉出，找到舌下正中小静脉，左手持止血钳固定舌尖部，右手持注射器在舌下静脉近中部向舌头基底部方向进针，刺入舌下静脉，确定刺入静脉即可直接注入药物（图 1-11）。注射完毕，用干棉球压迫注射部位止血。

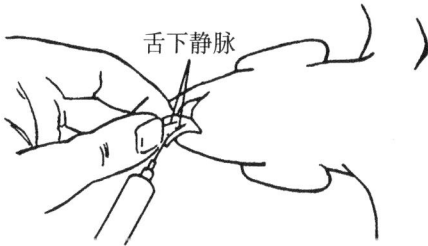

图 1-11　大鼠舌下静脉注射　　　　　　图 1-12　小鼠腹腔注射

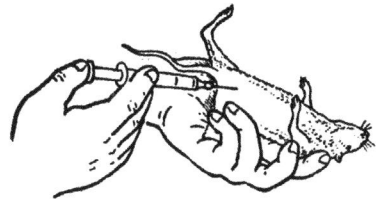

（2）腹腔注射　不同动物腹腔注射的方法略有差异。小鼠、大鼠进行腹腔注射时，左手固定动物，使其腹部向上，头处于低位，使腹腔脏器移向横膈，可避免伤及内脏；右手持注射器从下腹两侧向头部方向刺入皮下（图 1-12），针尖稍向前进针 3～5mm，再将针头沿 45°角斜向穿过腹肌进入腹腔。若刺入腹腔会有落空感，同时回抽无血液、尿液、肠液，即可注入药液。注意针头不要刺入过深，进针部位不要太靠近上腹部，以免刺破内脏。家兔进行腹腔注射时，由助手抓住动物，使其头处低位，腹部向上，在腹部下 1/3 处略靠外侧（避开肝脏和膀胱）将注射器针头垂直刺入腹腔，回抽注射器活塞，观察是否有血液、尿液、肠液，判定针头刺入腹腔后，固定针头，进行注射。

（3）皮下注射　一般选取被皮较薄和皮下疏松结缔组织较丰富的部位进行。局部剪毛消毒后，操作者左手拇指和食指轻轻捏起注射部位皮肤，右手持注射器，使针头水平刺入皮下，判定针头是否刺入皮下后（若针头容易摆动，证明针头已在皮下；如针头不动，则说明针头刺入肌肉），推送药液使注射部位隆起。左手轻压皮肤，右手抽出针头，用酒精棉球压迫针孔片刻，防止药液外漏（图1-13）。

（4）皮内注射　是将极少量的药剂注到皮肤表皮层之内，常用于观察皮肤血管的通透性变化或观察皮内反应，如结核菌素试验。注射时，将动物注射部位的毛剪去（不要剪破皮肤），左手拇指和食指提起皮肤，右手持注射器将针头先刺入皮下，然后将针头向上挑起，至可见其透过真皮时为止（如在皮内，肉眼可见到针头的方向），慢慢注入一定量药液（一般注射量为0.05mL），使注射部位出现一个小丘或疹状隆起。注射完毕，拔出针头，用酒精棉球压迫针孔，以免药液外流。

（5）肌内注射　注射部位要选择肌肉丰满或无大血管通过的肌肉，注射时针头与肌肉呈60°，快速刺入肌肉，回抽无回流物，即可推注药液。小鼠、大鼠肌内注射，多选择大腿内侧肌肉进行注射（图1-14）。

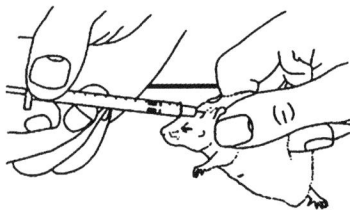

图1-13　小鼠皮下注射　　　　　　　　图1-14　小鼠肌内注射

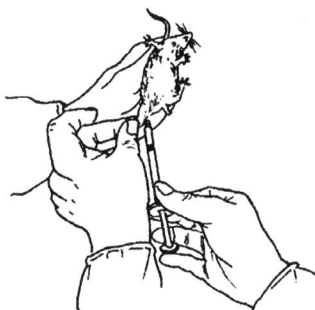

（6）灌胃给药

1）大鼠、小鼠　用左手拇指和食指抓住鼠耳和颈部皮肤，用左手的无名指和小指夹其背部皮肤和尾部，使鼠固定，右手持灌胃器，从鼠一侧口角插入口腔，压其头部，使口腔和食管成一直线，紧沿上腭及咽后壁慢慢插入食管，如灌胃器插入很顺利，且动物安静，呼吸平稳，表明已经插入食管，继续向前推进，使灌胃针的进入长度约为总长的3/4时，即可将药液注入。如灌胃器插入有阻力或动物有强烈挣扎，必须拔出重插，以免损伤食管或误入气管导致死亡（图1-15）。

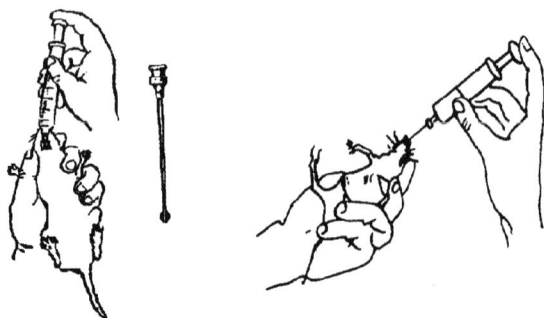

图1-15　大、小鼠灌胃方法

2）家兔 此操作须有助手协助完成。助手坐于高脚凳上，将家兔四肢朝外，用双膝部夹紧家兔双髋部，双手同时固定头部及前肢，并使兔头稍向后仰、挺直。操作者取半蹲位，将木质开口器插入家兔上下门齿之间，后压开口器并逐渐使上缘向咽部旋转，使兔舌伸出口外并压于开口器下。左手固定开口器，右手持灌胃管，从外侧呈45°角向上斜插入开口器中央孔入口内，沿上腭后壁慢慢插入食管15～20cm。途中若遇阻碍，可轻度左右旋转进入。插管完毕后，将灌胃管另一端浸入水中，若无气泡出现，表明已插入胃内，即可进行灌胃。灌药时，单手将注射器接入灌胃管，匀速打入药物，最后注入少量清水，将灌胃管内药物冲入胃内。结束后，先慢慢抽出灌胃管，再取下开口器（图1-16）。灌胃期间，由助手观察家兔神志及肌力反应，操作者观察家兔呼吸反应。

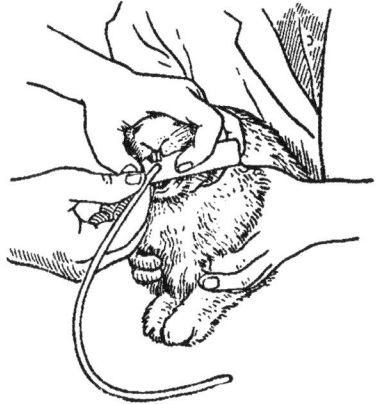

图1-16 家兔灌胃方法

7. 常用实验动物的取血方法

（1）大鼠、小鼠

1）剪尾取血 将鼠固定，露出尾巴，用酒精涂擦或用45℃温水浸泡使血管扩张，剪去尾尖0.3～0.5cm，用手自尾根部向尾尖挤捏，尾静脉血即可流出。小鼠每次可取血0.1mL，大鼠取0.3～0.5mL。取血后，用棉球压迫止血。由于鼠血易凝，取血前应事先将采血管进行抗凝剂处理。如制取血细胞混悬液，则取血后应立即与生理盐水混合。

2）鼠尾刺血 该方法在大鼠用血量不多时采用。先使鼠尾充血，用7或8号注射针头刺入鼠尾静脉，拔出针头即可收集血液。如需反复取血，穿刺时应从远心端逐渐移向近心端（图1-17）。

3）眼眶取血 左手持鼠，用拇指与食指捏紧头颈部皮肤，使鼠眼球突出，右手持弯眼科镊

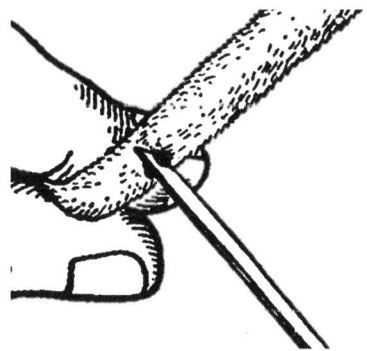

图1-17 鼠尾刺血

迅速将眼球摘出，将鼠倒置，使其头部向下，将血滴入经抗凝处理的玻璃管内。该取血法取血过程中动物未死，心脏不断跳动，因此取血量较大。一般小鼠可取0.2～0.3mL，大鼠可取0.5～1mL。

4）眼球后静脉丛取血 用左手从背部抓取并固定鼠，左手拇指及食指轻轻压迫动物的颈部两侧，使眶后静脉丛充血。右手持预处理过的毛细玻璃管使其与鼠面成45°夹角，由眼内角刺入，小鼠的刺入浓度为2～3mm，大鼠为4～5mm。若穿刺适当，血液能自然流入毛细玻璃管（图1-18）。

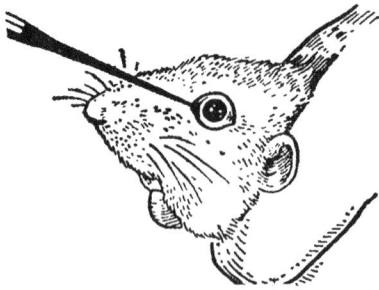

图 1–18　小鼠眼球后静脉丛取血

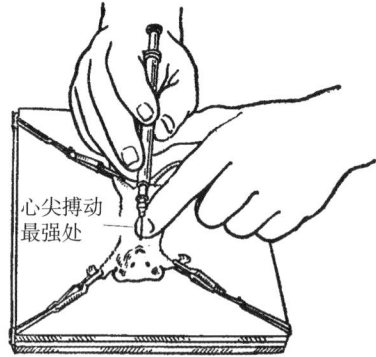

图 1–19　小鼠心脏取血

5）心脏取血　鼠类的心脏较小，且心率较快，心脏采血比较困难，故此法少用。若做开胸一次死亡采血，可先将动物做深麻醉，打开胸腔，暴露心脏，用针头刺入右心室，吸取血液（图 1–19）。

6）断头取血　采血者用左手将鼠头部向下固定，紧握鼠颈部皮肤；右手持剪刀，从颈部迅速剪掉鼠头，让血滴入抗凝处理过的容器中。小鼠可取血 0.8～1.2mL，大鼠可取血 5～10mL（图 1–20）。

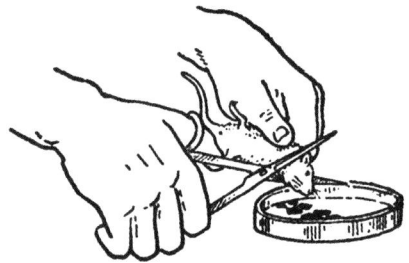

图 1–20　小鼠断头取血

7）颈动（静）脉和股动（静）脉取血　将动物麻醉并呈俯卧位固定，将一侧颈部或腹股沟部去毛，切开皮肤，分离出相应的静脉或动脉，注射针沿动（静）脉走向刺入血管即可进行取血。

8）腹主动脉取血　将动物麻醉，仰卧位固定，从腹正中线打开腹腔，暴露腹主动脉，用注射器自腹主动脉吸出血液。或用无齿镊子剥离结缔组织，夹住腹主动脉近心端，剪断动脉，使血液喷入预处理过的容器。

（2）家兔

1）耳缘静脉取血　该法为最常用的取血法之一，常作多次反复取血用。具体操作同耳缘静脉注射法。

2）心脏取血　将兔仰卧位固定在手术台上，将左侧胸部相当于心脏部位的被毛剪去，用碘伏、酒精消毒皮肤。在胸骨左缘外 3mm 处将注射针头垂直刺入心脏，血液随即进入针管。该取血方法 6～7d 后可再次重复进行。一次可采取全血量的 1/6～1/5。

3）耳中央动脉采血　将家兔固定于兔盒内，用左手固定兔耳，右手持注射器，向心方向刺入耳中央动脉，即可见动脉血进入针筒，取血完毕后压迫止血。此法一次抽血可达 15mL。

4）股静脉、颈静脉取血　取血前需先做股静脉和颈静脉暴露分离手术。股静脉取

血时，注射器针头沿向心方向刺入股静脉下；颈外静脉取血时，注射器针头由近心端
(距颈静脉分支 2～3cm 处) 向头侧端顺血管方向刺入。抽血完毕后注意止血。

不同动物的采血部位、采血量、最大安全采血量及最小致死采血量不同，具体见表
1–2 和表 1–3。

表 1–2 不同动物采血部位与采血量

采血量	采血部位	动物种类
少量	尾静脉	大鼠、小鼠
	耳缘静脉	家兔、狗、猫
	眼底静脉丛	家兔、大鼠、小鼠
	腹壁静脉	青蛙、蟾蜍
中量	耳中央动脉	家兔
	颈静脉	家兔、狗、猫
	心脏	豚鼠、大鼠、小鼠
	断头	大鼠、小鼠
大量	股动脉、颈动脉	家兔、狗、猫
	心脏	家兔、狗、猫
	摘眼球、球后静脉丛	大鼠、小鼠

表 1–3 常用实验动物的最大安全采血量与最小致死采血量

动物种类	最大安全采血量（mL）	最小致死采血量（mL）
小鼠	0.2	0.3
大鼠	1	2
豚鼠	5	10
家兔	10	40
狗	50	300

8. 实验动物的处死方法

（1）捣毁大脑和脊髓法 蛙类常用该方法处死。左手持蟾蜍，拇指按压背部，食
指按压头部前端，使头前俯。右手持金属探针沿两眼之间中线向下触划，在两个大蟾酥
腺之间会遇到一个凹陷，此处即为枕骨大孔所在位置；将金属探针由此垂直刺入枕骨大
孔，然后折向前刺入颅腔，左右搅动充分捣毁脑组织；再将金属探针抽回至进针处，折

向后方刺入椎管，反复提插捣毁脊髓。如果蟾蜍下颌呼吸运动消失，四肢松软，表明脑和脊髓已完全破坏；否则，须按上法再次捣毁（图 1-21）。

图 1-21　破坏蛙类脑和脊髓

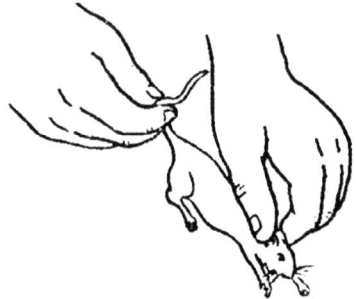

图 1-22　小鼠颈椎脱臼方法

（2）脊椎脱臼法　该方法是大鼠、小鼠最常用的处死方法。用左手拇指与食指用力向下按住鼠头，右手抓住鼠尾用力向后上方拉，使颈椎脱臼，脊髓与延髓离断，动物立即死亡（图 1-22）。

（3）空气栓塞法　该方法主要用于大动物的处死。用注射器向动物静脉内急速注入一定量空气，可使动物快速死亡。当空气注入静脉后，空气随静脉回流进入右心，在心脏搏动下，空气与血液混合导致血液呈泡沫状，随血液循环到全身。如进入肺动脉，可阻塞其分支造成肺栓塞，如进入心脏冠状动脉，可造成冠状动脉栓塞，均可导致动物很快死亡。一般兔与猫注入 10 ～ 20mL 空气即可致死，狗的致死量则为 70 ～ 150mL 空气。

（4）过量麻醉致死法　分为吸入麻醉致死法和注射麻醉致死法。前者通过吸入过量乙醚致死，后者多通过注射过量戊巴比妥钠致死。豚鼠、猫可用其麻醉剂量 2 ～ 3 倍剂量腹腔注射致死，兔可用 80 ～ 100mL / kg 的剂量急速注入耳缘静脉致死，狗可用 100mg/kg 静脉注射致死。

（5）急性大失血法　不同动物可选择不同部位放血。如鼠可采用眼眶动、静脉大量放血致死，大型动物可采用颈动脉或股动脉放血致死。

（6）其他方法　大、小鼠还可采用击打法、断头法、化学致死法致死。家兔可采用破坏延脑法、开放性气胸法、窒息法等方法致死。

【注意事项】

1. 静脉注射麻醉的注意事项

（1）动物个体对麻醉药的耐受性有差异，一般衰弱和过胖的动物其单位体重所需剂量较小。因此在麻醉过程中，麻醉剂用量除参照一般标准外，还必须密切注意动物的状态，以决定麻醉药的用量。

（2）注意麻醉的深浅。在麻醉过程中应随时观察实验动物的各种反应，如肌肉紧张性、角膜反射和皮肤夹捏反应等，避免麻醉过深导致动物死亡。若实验过程中实验动物的麻醉状态变浅，可临时补充麻醉药，但一次补充剂量不宜超过总量的 1/5。

（3）静脉注药时应坚持先快后慢的原则。一般麻醉参考剂量的前 1/3 用量可快速推注，使实验动物迅速安静下来，剩余药量易缓慢推注，切记要不断监测动物各项体征。

（4）动物在麻醉期体温容易下降，注意采取保温措施。

2. 腹腔注射的注意事项

（1）进针点宜选择靠近下腹部，以免刺破内脏。

（2）为避免注射后药液从针孔流出，注射针头不宜太粗；注射时先使针头在皮下向前推一小段距离，然后再刺入腹腔；注射后用棉球按压注射部位。

3. 注射器使用的注意事项

（1）注射器的选择应注意：注射器须清洁，针头应尖锐无毛刺、通气良好、大小合适，针头与针筒之间不漏气、漏液。

（2）注射针头的选择：小鼠皮下、腹腔、肌内注射一般选择 5.5 ～ 6 号针头，静脉注射选择 4.5 或 5 号针头；大鼠所用的针头均比小鼠大 1 号，家兔与大鼠所用针头可相同。

（3）先计算需药量，再吸取药液。注射前需排除气泡。

【思考与练习】

1. 如何判断动物麻醉是否成功？
2. 灌胃给药时为什么要压动物头部使口腔和食管成一条直线？
3. 简述空气栓塞致死动物的原理。

实验二　常用实验动物手术基本操作 ▷▷▷

【实验目的】

1. 掌握家兔神经和血管的分离方法、气管插管术。
2. 熟悉血管插管术和膀胱插管法。
3. 了解输尿管和胆总管等插管方法。

【实验对象】

家兔。

【实验用品】

手术刀、组织剪、眼科剪、止血钳、组织镊、眼科镊、颅骨钻、动脉插管、静脉插管、输尿管插管、膀胱漏斗、心导管、胆总管导管、胰管导管、导尿管、动脉夹、三通开关、头皮静脉针、玻璃分针、注射器、铁架台、双凹夹、丝线、纱布、药棉、烧杯、绷带、1% 肝素溶液、生理盐水、20% 氨基甲酸乙酯溶液。

【实验步骤】

1. 麻醉　详细步骤参见实验一。

2. 备皮　将手术范围内的被毛剪去，详细步骤参见实验一。

3. 皮肤切开　用止血钳将选好的切口部位两侧皮肤提拉绷紧，用组织剪将皮肤剪开；或用左手拇指和食指将选好的切口部位皮肤绷紧，右手持手术刀切开皮肤。切口大小以便于手术操作为宜。

4. 组织分离　有钝性分离和锐性分离两种分离方法。由于钝性分离法用止血钳进行分离，不易损伤神经和血管，在分离肌肉包膜、筋膜等操作时常用该法；锐性分离常用组织剪等锐性器械进行分离，该操作方法操作不当易伤及血管、神经及脏器，因此对操作的要求较高。

（1）颈总动脉分离术　颈总动脉位于气管两侧肌肉下方，左右各一条。打开颈部皮肤，分离覆盖于气管上面的肌肉，用拇指和食指捏住一侧肌肉残端，其余三指顶住肌肉自外向上将肌肉翻起，可见呈粉红色较粗大的血管，用手触之有搏动感，即为颈总动脉。颈总动脉与颈部神经被结缔组织包在一起，称颈总动脉鞘。颈总动脉鞘中有颈总动脉、迷走神经、减压神经和交感神经。用玻璃分针小心地分离结缔组织，打开颈总动脉鞘，即可看到颈总动脉。为便于进行动脉插管等进一步操作，颈总动脉分离得应尽量长一些，一般家兔可分离 3～4cm，分离完毕后在颈总动脉下方穿线备用。

（2）迷走神经、交感神经、减压神经分离术　按上法找到颈总动脉鞘。分离前先辨认三条神经（迷走神经最粗，交感神经次之，减压神经最细且常与交感神经紧贴在一起），看清三根神经走行后用玻璃分针小心分开颈总动脉鞘，由于减压神经最细，一般先分离减压神经，每条神经分离出 2～3cm，并各穿不同颜色的丝线以便区分。注意在分离过程中切勿弄破动脉分支。

（3）颈外静脉分离术　家兔的颈外静脉是头颈部的静脉主干，该静脉在颈部皮下胸锁乳突肌的外缘，比较粗大。颈部切开后，用手指将一侧切开的皮肤自外向上顶起，即可看到呈暗紫色的较粗大颈外静脉。用止血钳或玻璃分针沿着静脉走行方向，将颈外静脉分离 3～4cm 长，并在静脉下穿两线备用。颈外静脉管壁非常薄，容易被损伤而造成大出血，因此，分离颈外静脉时动作一定要轻柔，切忌用锐性器械直接切除周围组织。

（4）股动脉和股静脉分离术　仰卧位固定动物，将腹股沟部位被毛去除，用手指触摸股动脉搏动，辨明动脉走向，沿血管走行方向切一个长 4～5cm 的切口。用止血钳小心分离肌肉及深部筋膜，暴露出股三角。股三角上界为韧带，外侧为内收长肌，中部为缝匠肌。肌动脉、股静脉及神经即由此三角区通过。用止血钳钝性分离肌肉和深筋膜，暴露神经、动脉、静脉（神经在外侧，动脉居中偏后，静脉在内侧）。分离股静脉或动脉，并在下方穿线备用。

（5）内脏大神经分离术　将家兔麻醉呈仰卧位固定，去除腹部的被毛。沿腹部正中线逐层切开腹壁肌肉和腹膜，切口长 6～10cm。用温热生理盐水纱布将腹腔脏器推于一侧，暴露肾上腺，小心向肾上腺斜外上方分离其周围的脂肪组织，在腹膜下隐约可见与腹主动脉并行的一根乳白色的细神经，此即为内脏大神经。它由肾上腺外上方通向肾上腺，并在通向肾上腺前形成两条分支，分支交叉处略膨大，此即为腹腔神经节。小心分离内脏大神经，并穿线备用。

5. 各种插管术

（1）气管插管术　为哺乳类动物急性实验中常用的手术。通过气管插管可保证家兔呼吸通畅，若连接呼吸换能器，可观察呼吸运动。沿颈中线切开 7～10cm 的切口，钝性分离浅筋膜、肌肉，暴露气管，用剪刀在甲状软骨下缘 1～2cm 处的气管两软骨环之间横向切开气管，切口长度为气管直径的 1/3～1/2，再向头端做一约 0.5cm 纵向切口，形成一个"⊥"型切口。用镊子夹住"⊥"型切口的一角，气管插管自切口向肺方向插入气管腔内，用手术线进行固定，以免气管插管脱出。气管切开后，如气管内有血液或分泌物，应清除干净再行插管。

（2）颈总动脉插管术　尽可能长地分离颈总动脉，并在动脉下穿两根手术线备用。选取合适的动脉插管，并进行肝素化处理。先将分离好的颈总动脉头端尽可能靠近头侧进行结扎，然后用动脉夹尽量靠近心脏侧夹闭颈总动脉，两者之间相距 2 ～ 3cm，以备插管。在颈总动脉靠近头侧位置用眼科镊提起，用眼科剪向近心端方向与动脉呈 45°夹角剪一"V"形切口（为动脉管径的 1/3 ～ 1/2），将动脉插管沿切口向心脏方向插入颈总动脉 1 ～ 1.5cm（插管时保证动脉插管与动脉平行，以免刺破动脉壁），用线将动脉插管与颈总动脉一起扎紧，以防脱落。插管后，将动脉夹在原位松开，观察插管处无漏血，再移除动脉夹。

（3）静脉插管术　分离颈外静脉 3 ～ 5cm，用线结扎远心端，用眼科剪向近心端方向与静脉呈 45°夹角剪一"V"形切口，其宽度约为管径的 1/3，从切口处将充满生理盐水的静脉套管向心脏方向插入静脉，结扎固定。

（4）膀胱漏斗插管法　沿腹中线在下腹部做一长约 5cm 的切口，沿腹白线剪开腹壁肌肉和腹膜（勿损伤腹腔脏器），找到膀胱，将膀胱轻移至腹壁上。辨认膀胱和输尿管的解剖部位，用丝线结扎膀胱颈部，阻断与尿道的通路，然后在膀胱顶部选择血管较少处剪一纵向小切口，插入膀胱漏斗（膀胱漏斗的口应对着输尿管开口处并紧贴膀胱壁，但不要堵塞输尿管）。用丝线将膀胱壁固定于膀胱漏斗的凹槽上，膀胱漏斗的另一端则用导管连接至计滴器。手术结束后，用 37℃温生理盐水纱布覆盖于腹部创口。

在进行动物实验时常因实验目的不同而进行不同插管术。如观察尿量时，需要膀胱插管或输尿管插管；观察某些药物对蛙心的影响时，需要蛙心插管；做迷走神经和某些药物对胰液、胆汁分泌的影响时，需在胰总管或胆总管插管等。具体插管方法和上述几种插管术类似。

【注意事项】

1. 备皮注意事项　备皮时，勿用手提起被毛，以免剪破皮肤。

2. 颈静脉插管注意事项

（1）颈静脉壁较薄且与皮肤粘连较紧密，分离时应仔细、耐心，以防撕裂血管。

（2）静脉导管顶部不宜过尖，以防刺破血管壁。

3. 颈总动脉插管注意事项

（1）动脉插管前，检查动脉插管。动脉插管的长短粗细是否合适，尖端是否光滑，同时动脉插管的尖端不宜太尖，以防刺破动脉壁，引起大出血。如不慎刺破动脉壁，应立即用动脉夹夹闭颈总动脉心脏端，重新分离一段颈总动脉进行插管，必要时改插对侧颈总动脉。

（2）插管前应检查动脉插管内是否已充灌肝素溶液进行排气。导管内肝素浓度不宜过低，以防出现导管内凝血。

（3）颈总动脉剪口以动脉管径的 1/3 ～ 1/2 为宜，切口过大易使颈总动脉被插断，过小导管不易插入。如不慎将颈总动脉插断，可将剪口处结扎，重新切口进行插管。

【思考与练习】

1. 为什么神经、肌肉分离宜用钝性分离？
2. 家兔气管插管术和临床上气管插管术有何不同？
3. 动静脉插管前为什么要进行体内和体外抗凝？
4. 试比较气管插管术和血管插管术的异同点。

实验三　坐骨神经－腓肠肌标本制备 ▷▷▷▷

【实验目的】

1. 掌握蛙类动物脑和脊髓的破坏方法和坐骨神经－腓肠肌标本的制备方法。
2. 熟悉兴奋、兴奋性和可兴奋细胞的概念。
3. 了解坐骨神经－腓肠肌标本在实验中的应用。

【实验原理】

蛙类动物和哺乳类动物的一些基本生命活动相似，且其离体组织所需的条件比较简单，易实现。因此，蛙类的离体标本在生理学实验中较为常用。蛙类的坐骨神经－腓肠肌标本在人工配置的任氏液中可长时间保持活性，对刺激的反应比较灵敏，因此可用来观察兴奋性、刺激与反应的关系、骨骼肌的收缩形式等。

【实验对象】

蟾蜍或蛙。

【实验用品】

蛙手术器械1套（粗剪刀、组织剪、眼科剪、组织镊、眼科镊、金属探针、锌铜弓、玻璃分针、蛙钉、蛙板）、滴管、培养皿、烧杯、手术线、脱脂棉、任氏液。

【实验步骤】

1. 离体坐骨神经－腓肠肌标本制备

（1）破坏脑和脊髓　具体操作见实验一中的实验动物处死方法。

（2）制备后肢标本　轻提蟾蜍脊柱，自背面在骶髂关节水平以上0.5～1cm处横向剪断脊柱，看清坐骨神经的位置，再沿脊柱两侧横向切口剪断体壁，去除断口以上肢体和内脏，留下部分脊柱及紧贴于两侧的坐骨神经、两后肢、骶骨（图3-1）。将脊柱及后肢上的皮肤剥除（图3-2），用任氏液冲洗标本。用粗剪刀沿脊柱正中线将标本完全剪开（注意不要伤及神经）。将两后肢标本置于盛有任氏液的培养皿内备用。

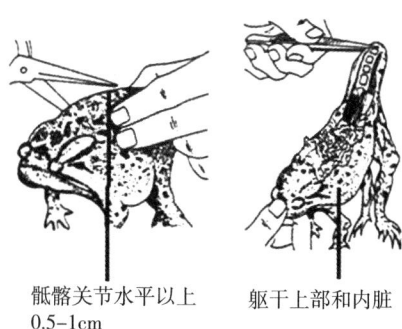

图 3-1 剪除躯干上部和所有内脏　　　　　图 3-2 剥除后肢皮肤

（3）游离坐骨神经　取一侧后肢标本，将脊柱腹面朝上放置于玻璃板上，用手术线将坐骨神经残端结扎后，用玻璃分针沿脊柱游离坐骨神经至髋关节处。再将标本背面朝上放置，在股二头肌与半膜肌之间的坐骨神经沟（图 3-3A），找出坐骨神经大腿段，用玻璃分针将神经游离至腘窝，神经分支可用剪刀剪去。

（4）游离腓肠肌　用玻璃分针将腓肠肌与其下的结缔组织分离，在其跟腱处穿线、结扎，在结扎处远心端剪断跟腱。

（5）分离股骨　将游离干净的坐骨神经轻轻搭在腓肠肌上，在膝关节周围剪去全部大腿肌肉，并用粗剪刀将股骨刮干净，在股骨中段剪断股骨，然后将膝关节下方除腓肠肌外的小腿其余部分剪除（图 3-3B）。

（6）检验标本兴奋性　用浸有任氏液的锌铜弓轻触坐骨神经，如腓肠肌发生迅速而明显的收缩，则表明标本的兴奋性良好。将标本置于盛有任氏液的培养皿中备用。

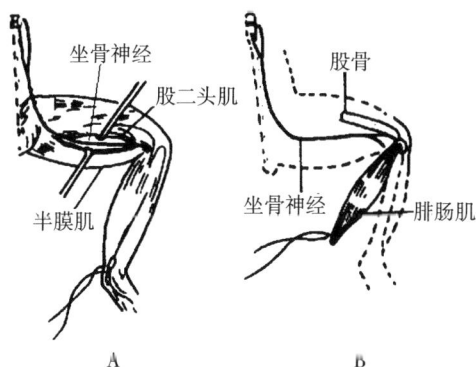

图 3-3 分离坐骨神经、坐骨神经 - 腓肠肌标本

2. 在体坐骨神经 - 腓肠肌标本制备

（1）破坏脑和脊髓　同离体坐骨神经 - 腓肠肌标本制备（1）。

（2）剥除后肢皮肤　用组织剪沿大腿根部环行剪开皮肤一侧后肢的皮肤，拉住残端向下剥除后肢皮肤，将蟾蜍俯卧位固定于蛙板上，用任氏液冲洗后肢。

（3）分离坐骨神经　用玻璃分针将坐骨神经沟内的坐骨神经游离至腘窝，具体方法参见离体坐骨神经－腓肠肌标本制备。

（4）游离腓肠肌　具体方法参见离体坐骨神经－腓肠肌标本制备。

（5）检查标本兴奋性　具体方法参见离体坐骨神经－腓肠肌标本制备。

【注意事项】

1.破坏脑和脊髓时，不要将蟾蜍的头部对着自己或他人的面部，以防蟾酥溅入眼内。如果蟾酥不慎溅入眼内，立即用生理盐水冲洗。

2.神经和肌肉分离时应用玻璃分针进行分离，以免损伤标本。

3.标本制备过程中，应经常给神经和肌肉滴加任氏液，防止标本干燥，使标本保持正常的兴奋性。

4.离体标本制备完成后，应置于任氏液中浸泡数分钟，待其兴奋性稳定后再进行实验。

【思考与练习】

1.如何用锌铜弓检测坐骨神经－腓肠肌标本的兴奋性？其具体机制是什么？

2.剥皮后的神经－肌肉标本能用自来水冲洗吗？为什么？

实验四　刺激强度与肌肉收缩反应的关系 ▷▷▷▷

【实验目的】

1. 掌握阈刺激、阈下刺激、阈上刺激、最大刺激的概念。
2. 熟悉神经－肌肉实验的电刺激方法和肌肉收缩的记录方法。
3. 了解刺激强度与肌肉收缩反应的关系。

【实验原理】

活的神经、肌肉组织均具有接受刺激产生兴奋的能力。但要引起神经、肌肉组织兴奋，刺激的强度、持续时间和强度－时间变化率都必须满足一定条件。在强度－时间变化率固定不变的前提下，引起组织、细胞兴奋所需的最小刺激强度值称为阈值。通常组织兴奋性的高低可用阈值来衡量。由于不同种类的组织其兴奋性高低不同，同一组织中不同细胞其兴奋性高低也不同，因此它们各自的阈值也不相同。

腓肠肌由大量的肌纤维组成，各条肌纤维的兴奋性高低并不相同。所以在实验中，采用单一方波电刺激直接（或通过神经间接）刺激腓肠肌时，并不会让所有的肌纤维同时兴奋。如刺激强度太弱，肌纤维不会兴奋或兴奋的肌纤维数目太少，则观察不到肌肉收缩。只有当刺激达到一定强度时，才能引起肌肉发生最微弱的收缩。这种能引起肌肉产生最微弱收缩的刺激称阈刺激，阈刺激的强度值称为阈值。阈刺激引起的肌肉收缩称阈收缩。此后随着刺激强度的增加，兴奋的肌细胞逐渐增加，肌肉收缩幅度也相应地逐步增大，此时刺激的强度超过阈值，故称为阈上刺激。当刺激强度增大至某一数值时，所有肌细胞兴奋，肌肉收缩幅度达最大幅度，继续增加刺激强度，肌肉收缩幅度不再增大。这种能使肌肉发生最大收缩的最小刺激称为最大刺激，最大刺激的强度即为该肌肉的最适刺激强度。最大刺激引起的肌肉收缩称最大收缩。由此可知，在一定范围内，骨骼肌收缩幅度的大小取决于刺激的强度。

【实验对象】

蟾蜍或蛙。

【实验用品】

蛙类手术器械1套、保护电极、电刺激线、张力换能器、铁架台、纱布、手术线、BL-420F生物机能实验系统、脱脂棉、任氏液。

【实验步骤】

1. 坐骨神经－腓肠肌标本制备 参见实验三，可采用其中一种。

2. 标本与实验装置的连接

（1）离体标本 将标本的股骨残端固定于蛙板上；将腓肠肌跟腱上的手术线与张力换能器应变片连接，然后将张力换能器固定于铁架台上，调节手术线紧张度，使腓肠肌处于自然拉伸状态，同时张力换能器的应变片和桌面平行，手术线和桌面垂直，将张力换能器接于BL-420F生物机能实验系统1通道。用玻璃分针将坐骨神经轻轻挑起，搭于保护电极的金属丝上，将保护电极和电刺激线相连，接于BL-420F生物机能实验系统的刺激端口。

打开计算机，启动BL-420F生物机能实验系统，进入"神经－肌肉实验"中的"刺激强度与反应的关系"实验菜单。

（2）在体标本 连接方法与离体标本相似。连接好后启动BL-420F生物机能实验系统，进入"神经－肌肉实验"中的"刺激强度与反应的关系"实验菜单。

3. 观察阈刺激和最大刺激 采用默认的实验参数进行实验，记录坐骨神经－腓肠肌标本的阈刺激和最大刺激，并观察刺激强度和收缩之间的关系。若起始刺激强度即有肌肉收缩，说明起始刺激强度为阈上刺激，降低刺激强度继续实验。实验曲线参看图4-1。实验操作步骤见图4-2。

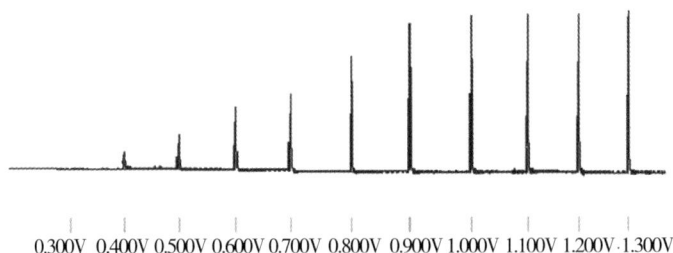

0.300V 0.400V 0.500V 0.600V 0.700V 0.800V 0.900V 1.000V 1.100V 1.200V 1.300V

图4-1 不同刺激强度对肌肉收缩的影响

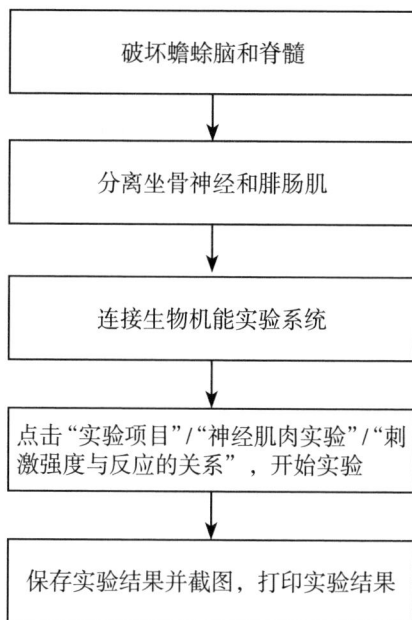

图 4-2　刺激强度与肌肉收缩反应的关系实验步骤图

【注意事项】

1. 在实验过程中，应经常在标本上滴加任氏液以保持湿润，防止标本的兴奋性减弱。

2. 测定最大刺激时，刺激强度增量不宜过大，防止强度过高、变化过快而损伤神经。

【思考与练习】

1. 骨骼肌的收缩与刺激强度之间的关系如何？

2. 为什么在阈刺激和最大刺激之间，骨骼肌收缩会随刺激强度的增强而增强？

3. 实验过程中标本的阈值是否会改变？为什么？

实验五　刺激频率与肌肉收缩反应的关系 ▷▷▷

【实验目的】

1. 观察刺激频率与肌肉收缩形式之间的关系。
2. 了解单收缩、不完全强直收缩和完全强直收缩的形成条件。

【实验原理】

给肌肉一个有效刺激，肌肉会发生一次兴奋，对应地会产生一次收缩，称为单收缩。单收缩一般要经历潜伏期、收缩期和舒张期三个过程。若相继使用两个有效刺激刺激肌肉，肌肉则会因为两次刺激的间隔不同而发生不同形式的收缩。若刺激间隔时间大于该肌肉的单收缩全时程，则出现两个波形互相分开的单收缩；逐渐缩短刺激间隔，使第二个刺激落在第一个刺激引起收缩的舒张期，两个单收缩发生融合，收缩呈现锯齿状波；继续缩短刺激的间隔，使第二个刺激落在前一个刺激引起收缩的收缩期，则形成一个较高幅度的持续收缩，看不出舒张的痕迹。同样的，如果是一串有效刺激作用于肌肉，肌肉则因刺激频率不同呈现不同的收缩波形。若刺激频率很低，刺激间隔大于单收缩全时程，肌肉收缩则为一串连续的单收缩。若刺激频率加大，刺激间隔大于单收缩的收缩期时间，而小于单收缩的全时程，则肌肉收缩为锯齿状的不完全强直收缩。若刺激频率继续加大，刺激间隔小于单收缩的收缩期时间，则肌肉处于持续收缩状态，看不出舒张痕迹，即为完全强直收缩。同样的刺激强度下，强直收缩幅度大于单收缩幅度，而且在一定范围内随着刺激频率的增加，收缩幅度也会增大。

【实验对象】

蟾蜍或蛙。

【实验用品】

蛙类手术器械1套、保护电极、电刺激线、张力换能器、铁架台、双凹夹、脱脂棉、纱布、手术线、BL–420F 生物机能实验系统、任氏液。

【实验步骤】

1. 制备坐骨神经 – 腓肠肌标本 参见实验三。

2. 标本与实验装置的连接 具体连接方法参见实验四。

启动 BL–420F 生物机能实验系统,进入"神经 – 肌肉实验"中的"刺激频率与反应的关系"实验菜单,进入实验。

3. 观察单收缩和强直收缩 采用默认的实验参数进行实验,观察刺激频率和收缩反应之间的关系。若曲线结果不理想,可调整刺激频率、放大倍数等参数重新观察。各种曲线参看图 5–1。实验操作步骤见图 5–2。

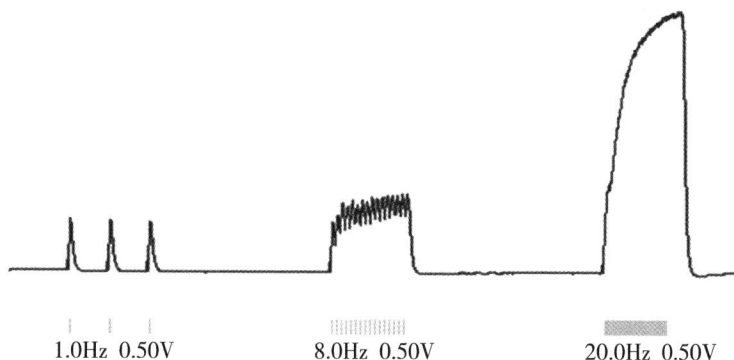

1.0Hz 0.50V   8.0Hz 0.50V   20.0Hz 0.50V

图 5–1 不同刺激频率对肌肉收缩的影响

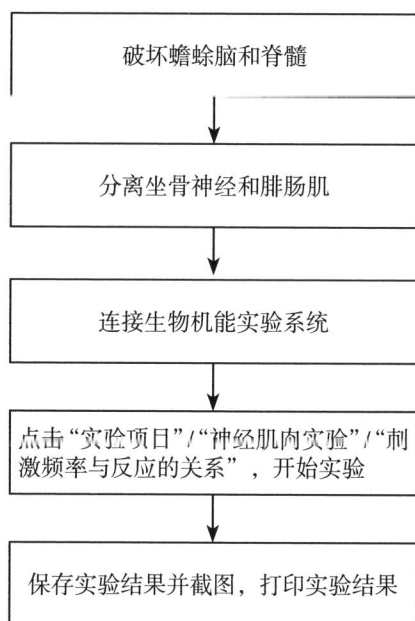

破坏蟾蜍脑和脊髓

分离坐骨神经和腓肠肌

连接生物机能实验系统

点击"实验项目"/"神经肌肉实验"/"刺激频率与反应的关系",开始实验

保存实验结果并截图,打印实验结果

图 5–2 刺激频率与肌肉收缩反应的关系实验步骤图

【注意事项】

1. 在实验过程中，应保持标本湿润，使其具有良好的兴奋性。
2. 每次刺激标本后，给肌肉一定的休息时间，以防标本疲劳。

【思考与练习】

1. 肌肉发生不同形式的收缩时，其收缩幅度是否相同？
2. 不同坐骨神经－腓肠肌标本，引起其产生完全强直收缩的刺激频率是否相同？为什么？
3. 肌肉产生完全强直收缩有何生理意义？
4. 肌肉收缩曲线融合时，神经干细胞的动作电位是否也发生融合？

实验六　神经干动作电位的测定 ▷▷▷

【实验目的】

1. 了解动作电位的细胞外记录方法。
2. 观察坐骨神经动作电位的基本波形、潜伏期、幅值及时程。

【实验原理】

神经组织是可兴奋组织，若给予神经元一个阈刺激或阈上刺激，其膜电位将发生一次快速而短暂的电位波动，即动作电位。神经元产生动作电位的部位膜外带负电，未兴奋部位带正电，通过局部电流动作电位沿神经纤维进行不衰减式传导。若将两个记录电极分别置于正常的神经干表面，刺激神经干的一端使其产生动作电位，动作电位则向另一端传导并依次通过两个记录电极，可记录到两个方向相反的电位偏转波形，此波形称为双向动作电位。若在两个记录电极之间，夹伤神经使其失去传导兴奋的能力，则两个电极中只能记录到一个方向的电位偏转波形，而另一个电极则成为参考电极，此波形称为单向动作电位。

由于坐骨神经干由许多神经纤维组成，其产生的动作电位是许多神经纤维动作电位的叠加，故称为复合动作电位。因此，在一定范围内，动作电位的幅度可随刺激强度的增加而增大。

【实验对象】

蟾蜍或蛙。

【实验用品】

蛙类手术器械一套、神经标本屏蔽盒、BL-420F 生物机能实验系统、脱脂棉、任氏液。

【实验步骤】

1. 制备坐骨神经 – 腓神经标本　具体操作过程参考实验三。不同的是标本制作时只要神经，不要肌肉和股骨，而且分离神经时尽可能分得长一些，从脊柱旁的主干分至踝关节。制成的标本应置于任氏液中 10min 使其兴奋性稳定，然后再开始后续实验。

2. 连接实验装置及线路　将神经屏蔽盒的刺激电极与生物机能实验系统刺激器输出线相连接；神经屏蔽盒地线接线柱与地线相连。一对记录电极与生物机能实验系统输入通道相连（图 6-1）。

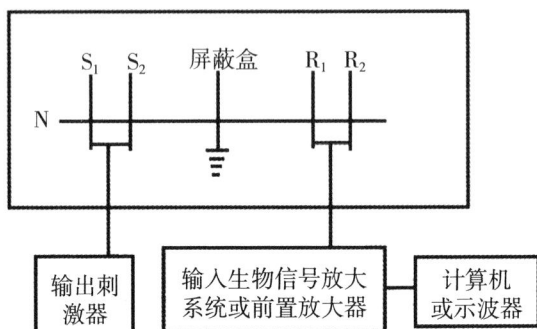

图 6-1　神经干动作电位实验装置

3. 选择实验项目　打开计算机，启动 BL-420F 生物机能实验系统，进入"神经干动作电位的引导"实验项目菜单进行实验。

4. 预实验　预实验的目的是检查整个实验系统的工作状态。将神经屏蔽盒的所有电极用任氏液棉球擦拭，保证导电正常，然后将一用任氏液浸湿的棉线置于神经屏蔽盒的刺激电极和记录电极上。调节刺激强度，由 0V 开始逐渐增大刺激强度，观察显示器上是否有交流电干扰。如有干扰，检查各仪器的接地情况，以排除干扰。当显示器上的记录线为基本平滑的横线，刺激时只有刺激伪迹时，证明整个系统的工作状态正常，取下棉线，进行下一步实验。

4. 观察动作电位　将坐骨神经-腓神经标本用玻璃分针轻轻搭在神经屏蔽盒内的电极上，粗的一端置于刺激电极上，细的一端置于记录电极上。盒的底部放一用任氏液充分浸湿的滤纸保持盒内的湿度，防止神经标本干燥。盖好屏蔽盒的盖子，以减少电磁干扰。

（1）双相动作电位　给予标本单刺激，刺激强度从最小开始逐渐增加，观察双向动作电位波形，并找出阈刺激。同时观察在一定范围内，动作电位的幅度随刺激强度变化的情况（图 6-2A）。

（2）单相动作电位　在两个记录电极之间用眼科镊夹伤神经，观察动作电位的变化。可见双相动作电位只剩下第一相，而第二相消失，此即单相动作电位（图 6-2B）。

实验操作步骤见图 6-3。

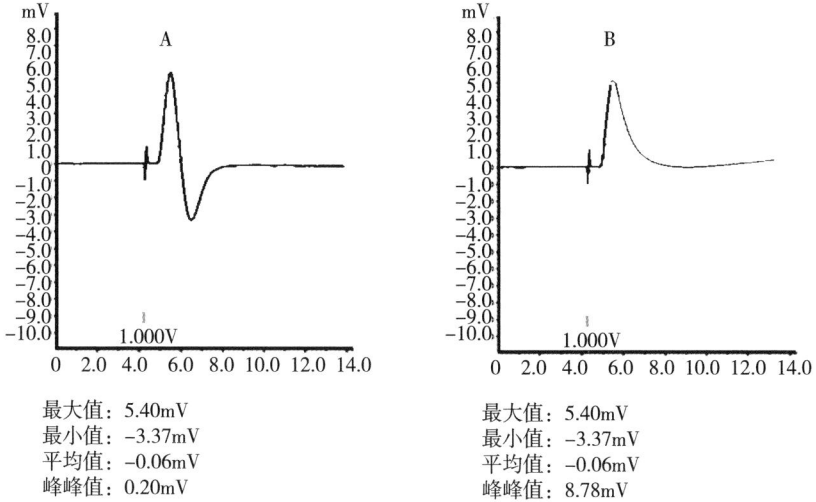

最大值：5.40mV
最小值：–3.37mV
平均值：–0.06mV
峰峰值：0.20mV

最大值：5.40mV
最小值：–3.37mV
平均值：–0.06mV
峰峰值：8.78mV

图 6-2 神经干动作电位

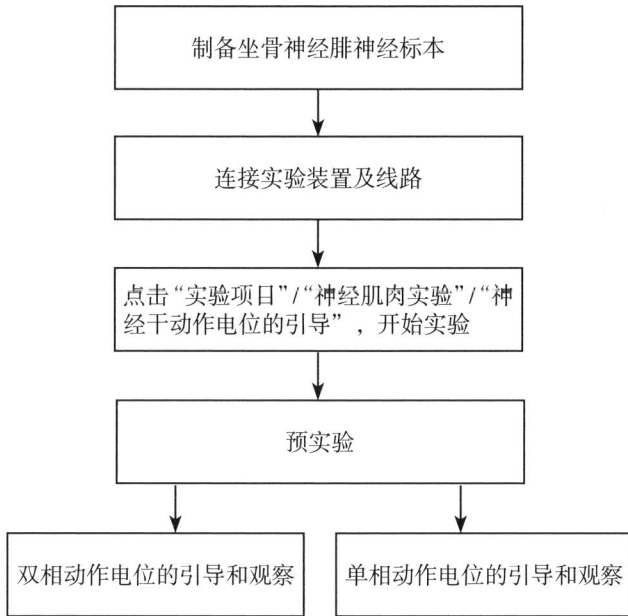

图 6-3 神经干动作电位的测定实验步骤图

【注意事项】

1. 坐骨神经 – 腓神经的分离宜用玻璃分针进行，防止神经损伤。
2. 神经干标本应始终保持湿润，防止标本干燥，影响标本兴奋性。
3. 屏蔽盒内要保持一定的湿度，但也应防止电极间短路。

【思考与练习】

1. 本实验所记录的神经干动作电位和单细胞动作电位的区别是什么?

2. 动作电位第一相的幅值和第二相的幅值是否相同? 为什么?

3. 在一定范围内，神经干动作电位的幅值可随刺激强度而改变，与动作电位"全或无"定律矛盾吗?

实验七　神经干兴奋传导速度测定 ▷▷▷▷

【实验目的】

1. 了解神经干兴奋传导的测定方法。
2. 熟悉神经兴奋传导速度的计算方法。

【实验原理】

神经细胞为可兴奋细胞，当其接受有效刺激产生动作电位后，通过不衰减式传播可使整个神经细胞都依次产生一次与被刺激部位同样的动作电位。动作电位沿神经纤维传导时，其传导的速度取决于神经纤维的粗细、内阻、有无髓鞘等因素。坐骨神经干由众多兴奋阈、动作电位的幅值、传导速度各不相同的神经纤维组成，因此刺激坐骨神经干所产生的动作电位则为众多神经纤维动作电位的总和。

用电生理学的方法记录测定神经干动作电位，测出动作电位在神经干上传播的距离（s）和通过这段距离所需的时间（t），即可算出兴奋在神经干上的传导速度（v）。具体公式为 v=s/t。

【实验对象】

蟾蜍或蛙。

【实验用品】

蛙类手术器械一套、神经标本屏蔽盒、BL-420F 生物机能实验系统、脱脂棉、任氏液。

【实验步骤】

1. 制备坐骨神经 – 腓神经标本　制备方法同实验六。
2. 连接实验装置及线路　连接方法同实验六。不同的是两对记录电极放在神经干的不同位置，第一对记录电极与生物信号放大系统的 1 通道相连，第二对记录电极与生物信号放大系统的 2 通道相连（图 7-1）。

打开 BL-420F 生物机能实验系统，点击"实验项目"/"神经 – 肌肉实验"/"神经干兴奋传导速度测定"，进入实验。

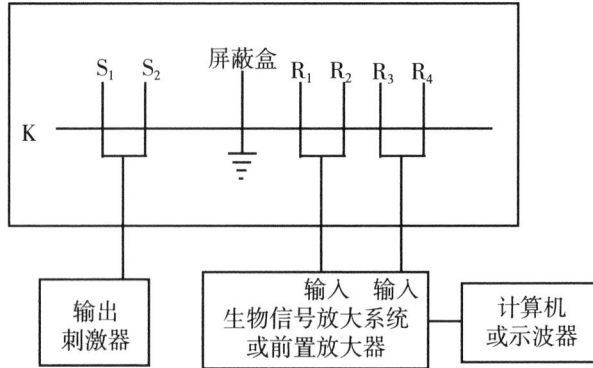

图 7-1 神经兴奋传导速度实验仪器装置的连接

3. 找出最适刺激 给予标本单刺激，刺激强度从最小开始逐渐增加，刚出现双向动作电位波形对应的刺激即为阈刺激；继续增大刺激强度，动作电位的幅度随刺激强度增加而逐渐增大，当增加到某一强度动作电位幅值达到最大，之后不再随刺激强度增加而增大，引起动作电位达最大幅值的最小刺激即为最适刺激。

4. 观察项目 人工准确量出 R_1 到 R_3 之间的距离（s），并按计算机提示输入资料。给予神经干标本最适刺激，两对记录电极可分别记录出前后两个动作电位曲线（图 7-2）。同时，系统会自动计算出传导速度（m/s）。

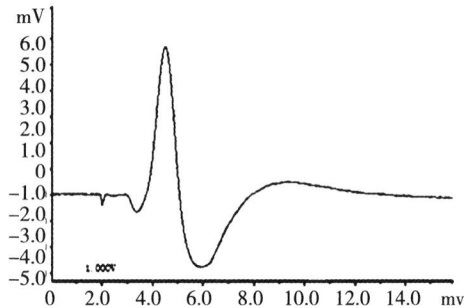

最大值：5.67mV
最小值：-2.83mV
平均值：-0.01mV
峰峰值：8.50mV

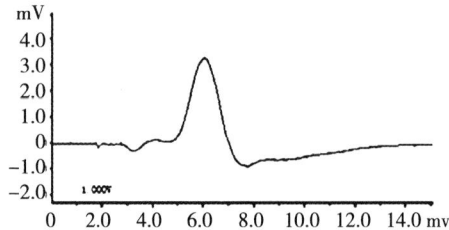

最大值：3.23mV
最小值：-0.98mV
平均值：-0.03mV
峰峰值：4.21mV

图 7-2 动作电位曲线

实验操作步骤见图 7-3。

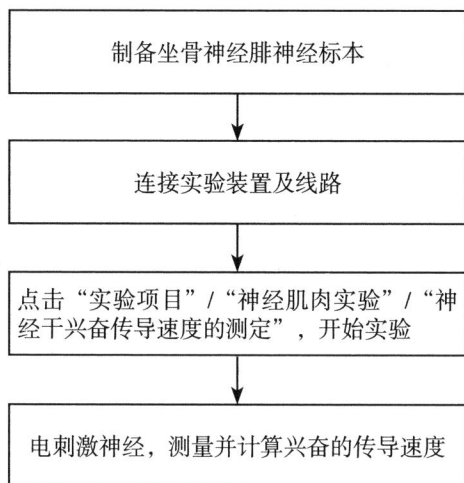

图 7-3　神经干兴奋传导速度测定实验步骤图

【注意事项】

1. 制备坐骨神经 – 腓神经标本时，神经长度最好达到 10cm 以上。
2. 坐骨神经 – 腓神经的分离宜用玻璃分针进行，防止神经损伤。
3. 神经干标本应始终保持湿润，防止标本干燥，影响标本兴奋性。
4. 屏蔽盒内要保持一定的湿度，但也应防止电极间短路。
5. 应精确测量两电极间的距离，减小实验误差。

【思考与练习】

本实验所测得的传导速度能否代表该神经干中所有纤维的传导速度？为什么？

实验八　神经纤维兴奋性不应期的测定 ▷▷▷▷

【实验目的】

1. 掌握神经纤维兴奋过程中兴奋性的变化规律。
2. 熟悉不应期的测定方法。

【实验原理】

神经纤维接受一次有效刺激会产生兴奋，在兴奋的过程中其兴奋性可发生周期性变化。细胞发生兴奋后的较短时期内，如果再给予刺激，无论刺激强度多大，都不会再发生兴奋，说明细胞的兴奋性暂时为零，这一时期称为绝对不应期。此后一段时间内，只有阈上刺激才能引起细胞产生新的兴奋，这一时期细胞兴奋性降低，称为相对不应期。之后，细胞的兴奋性高于正常，阈下刺激即可使细胞产生新的兴奋，称为超常期。最后，细胞的兴奋性又低于正常，称为低常期。低常期后细胞的兴奋性恢复正常。

可兴奋组织的兴奋性通常用阈值来衡量。为了测定神经纤维的兴奋性变化，在实验中采用先后两个刺激。第一个刺激为"条件性刺激"，用来引起神经纤维产生兴奋；第二个刺激为"检验性刺激"，用来测定神经纤维兴奋性的变化。给予神经纤维第一个刺激引起神经纤维兴奋后，以不同的时间间隔给予神经纤维第二个刺激，观察第二个刺激引起神经纤维兴奋的兴奋阈，从而判定神经纤维兴奋性的变化。由于实验条件的限制，检测兴奋阈较为困难，故在本实验中，使条件性刺激和检验性刺激的参数完全相同，通过观察检验性刺激引起的动作电位的幅值与条件性刺激引起的动作电位的幅值不同，来反映部分神经纤维兴奋性变化的规律。

【实验对象】

蟾蜍或蛙。

【实验用品】

蛙类手术器械一套、神经标本屏蔽盒、BL-420F 生物机能实验系统、脱脂棉、任氏液。

【实验步骤】

1. 制备坐骨神经 – 腓神经标本　制备方法同实验六。

2. 连接实验装置及线路　连接方法基本同实验六。不同之处是用一导线将刺激器的监视输出连接到记录系统的另一个通道上，此通道可监视双脉冲刺激。

打开 BL-420F 生物机能实验系统，点击"实验项目"/"神经 – 肌肉实验"/"神经干兴奋性不应期的测定"，进入实验。

3. 引导出动作电位　先用单个电刺激刺激神经干，找出最适刺激强度（具体步骤见实验七）。以此最适刺激强度输出双脉冲刺激神经，调节脉冲之间的间隔时间，使第二次刺激落在第一个刺激引起的动作电位时程以外，引导出两个幅值相等动作电位（图8-1）。

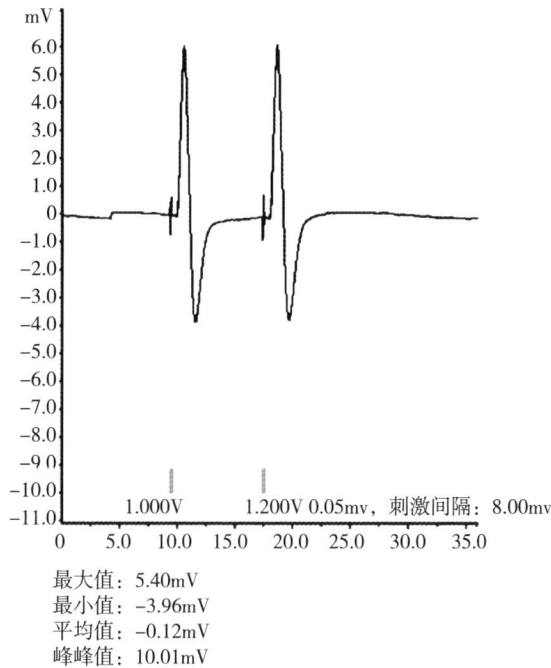

图 8-1　双脉冲刺激间隔时间较大时动作电位

4. 实验观察　逐渐缩短双脉冲间隔时间，使第二个动作电位向第一个动作电位靠近，当观察到第二个动作电位幅度开始降低，即为相对不应期开始，逐渐缩短刺激间隔时间，第二个动作电位逐渐降低到微小程度至消失，这段从第二个动作电位幅度开始降低到消失时期为相对不应期（图8-2）。相对不应期后，继续缩短双脉冲间隔时间，此时即使增强刺激强度第二个动作电位也始终未出现，这段时期为绝对不应期。然后逐渐延长两个刺激脉冲的间隔时间，使第二个动作电位再次出现。当间隔时间达到一定数值时，第二个动作电位的幅度又与前一动作电位的幅度相等，则表明兴奋性已恢复。

实验操作步骤见图8-3。

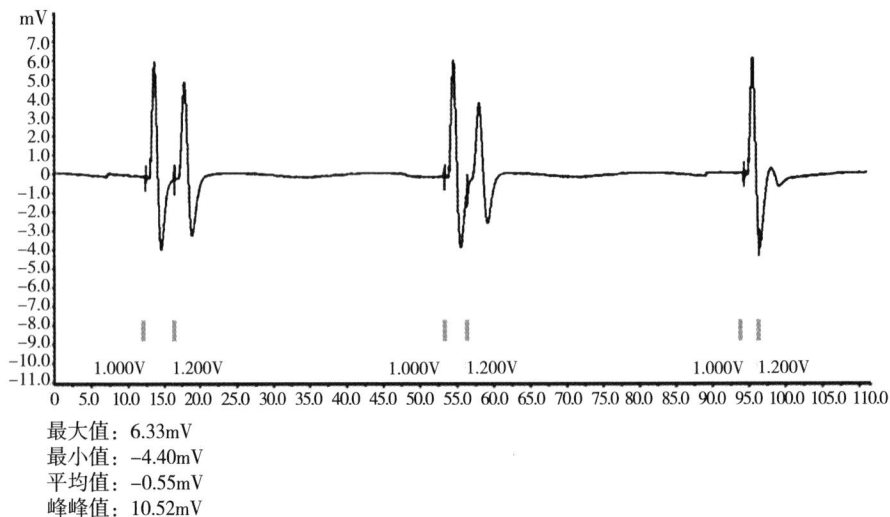

图 8-2　双脉冲间隔时间缩小时动作电位

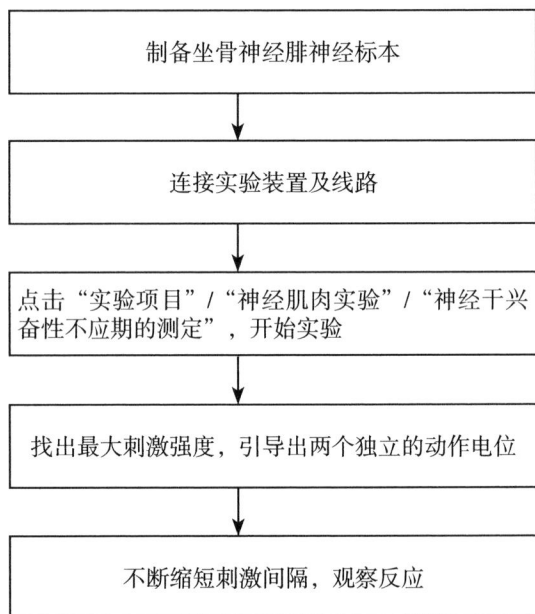

图 8-3　神经纤维兴奋性不应期的测定实验步骤图

【注意事项】

1. 制备坐骨神经 – 腓神经标本时，神经长度最好达到 10cm 以上。

2. 坐骨神经 – 腓神经的分离宜用玻璃分针进行，防止神经损伤。

3. 神经干标本应始终保持湿润，防止标本干燥，影响标本兴奋性。

4. 屏蔽盒内要保持一定的湿度，但也应防止电极间短路。

5. 不应期的时间计算以两个刺激脉冲的前沿为准，不是从动作电位的上升支算起。

6. 增加观察次数，以减少读数的误差。

【思考与练习】

1. 可兴奋组织兴奋后，其兴奋性的周期性变化有哪些？

2. 两个刺激脉冲的间隔时间逐渐缩短时，第二个动作电位如何变化？为什么？

实验九　负荷对肌肉收缩的影响 ▷▷▷

【实验目的】

了解前负荷和后负荷对骨骼肌收缩的影响，找出最适前负荷（或最适初长度）。

【实验原理】

肌肉的收缩效能指肌肉收缩时的外在整体表现，包括肌肉收缩时产生的张力、缩短程度及缩短的速度等。肌肉收缩时遇到不同的阻力负荷，均可影响肌肉的收缩效能。有两种负荷可影响肌肉收缩的效能，一种是前负荷，即在肌肉收缩前所承受的负荷；另一种后负荷，即肌肉在收缩后遇到的负荷。前负荷使肌肉在开始收缩前呈一种拉长状态，使它在具有一定初长度的情况下进行收缩。在一定范围内，增加肌肉的前负荷，即增加其初长度。骨骼肌的长度 – 张力曲线表明，骨骼肌的收缩具有一个最适初长，在这个长度下骨骼肌收缩可产生最大主动张力。大于或小于最适初长度时，肌肉收缩产生的张力都将降低。后负荷是肌肉收缩的阻力，能影响肌肉收缩产生的张力和速度。张力 – 速度曲线表明，随后负荷的增加，肌肉收缩产生的张力逐渐增加而缩短速度则逐渐减小，开始缩短的时间愈迟，缩短的幅度愈小。

【实验对象】

蟾蜍或蛙。

【实验用品】

蛙类手术器械 1 套、带有刻度的肌动器、张力换能器（等张换能器、等长换能器）、砝码、铁架台、培养皿、BL–420F 生物机能实验系统、脱脂棉、任氏液。

【实验步骤】

1. 制备离体坐骨神经 – 腓肠肌标本　制备方法同实验三。
2. 连接实验装置及线路　按图 9–1 连接实验装置，张力换能器与 BL–420F 生物机能实验系统的 1 通道连接。

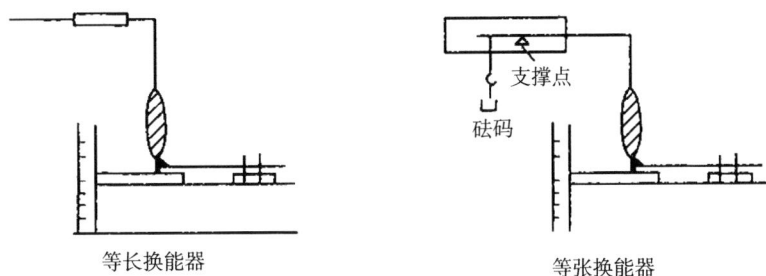

图 9-1 前、后负荷实验装置

打开计算机和 BL-420F 生物机能实验系统，点击菜单"输入信号"/"1 通道"/"张力"，进入实验。

3. 找出坐骨神经 – 腓肠肌标本的最大刺激 具体操作见实验四。

4. 观察前、后负荷对肌肉收缩的影响 将腓肠肌固定在肌动器上并与等长换能器的杠杆右端相连，采用单个最大刺激强度刺激坐骨神经，记录出肌肉收缩曲线。调节肌动器的位置以改变腓肠肌的初长度，观察初长度与肌肉收缩张力之间的关系，并找出最适初长。将腓肠肌固定在肌动器上并与等张换能器的杠杆右端相连，左端悬挂一 1 ～ 2g 砝码（相当于肌肉本身自重），调节肌动器的位置，使杠杆左端刚好与其下方的一支撑点接触，此时砝码施加的负荷相当于前负荷，肌肉的长度即为初长度。再在杠杆左端增加不同重量的砝码，这些砝码因不能使杠杆下压而不影响前负荷，相当于后负荷。分别增加 5g、10g、15g、20g 等不同重量的砝码，记录肌肉收缩时的缩短长度曲线，同时观察肌肉缩短的长度和速度之间的关系。肌肉收缩波上升的斜率就是其速度，上升斜率越大，速度越快。

实验操作步骤见图 9-2。

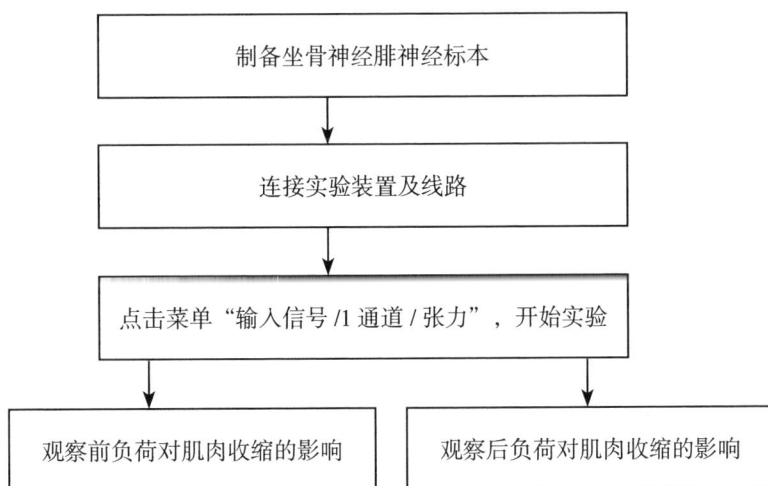

图 9-2 负荷对肌肉收缩的影响实验步骤图

【注意事项】

1. 在实验过程中，应经常在标本上滴加任氏液以保持湿润，使其具有良好的兴奋性。

2. 刺激参数固定后，实验过程中不可随意改动。

【思考与练习】

1. 简述前负荷与肌肉初长度之间的关系。

2. 分析肌肉工作的张力与速度的关系、生理机制及其在运动实践中的意义。

3. 简述前负荷对肌肉收缩的影响，并分析其机制。

4. 简述后负荷对肌肉收缩的影响，并分析其机制。

5. 什么是等张收缩、等长收缩？

实验十 神经的强度－时间曲线描记和时值的测定 ▷▷▷▷

【实验目的】

1.熟悉刺激强度与刺激持续时间之间的相互关系。

2.了解强度－时间曲线的描记方法及利用时值确定组织兴奋性的方法。

【实验原理】

引起组织兴奋的有效刺激包括三个要素：刺激的强度、刺激的持续时间及强度－时间的变化率。实验所用的方波电刺激，其强度－时间的变化率是固定不变的，因此可用方波电刺激观察刺激强度与刺激时间的关系。在一定范围内，引起组织兴奋所需的最小刺激强度与该刺激作用的时间成反比。刺激强度越小，引起组织兴奋所需的刺激时间就越长。将引起组织兴奋的最小刺激强度与其相对应的刺激作用时间用坐标图绘出，即为强度－时间曲线（图 10–1）。从该曲线可发现，无论刺激时间延续多长，引起组织兴奋的刺激强度均不能低于某一刺激强度值，此强度称为基强度。用基强度刺激组织，引起其兴奋所需的最短作用时间称为利用时；两倍基强度刺激引起组织兴奋所需的最短作用时间称为时值。

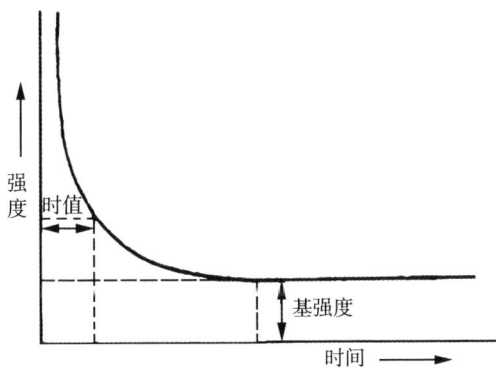

图 10–1 强度－时间曲线

【实验对象】

蟾蜍或蛙。

【实验用品】

蛙类手术器械、神经标本屏蔽盒、电子刺激器、BL-420F生物机能实验系统、脱脂棉、任氏液。

【实验步骤】

1.制备坐骨神经-腓肠肌标本　参见实验三。

2.连接实验装置及线路　一对记录电极与BL-420F生物机能实验系统输入"1通道"相连；BL-420F生物机能实验系统的刺激输出线与神经屏蔽盒的一对刺激电极相连；神经屏蔽盒接地，电极接地。

3.选择实验项目　打开计算机，启动BL-420F生物机能实验系统，点击菜单"实验项目"，按计算机提示逐步进入神经动作电位活动的实验项目。

4.测定基强度和利用时　给予方波电刺激，调节刺激脉冲使波宽达100ms以上，刺激强度从0.1V开始逐渐增大，直至显示器上出现动作电位波形，此时的刺激强度为该神经干的基强度。然后保持基强度不变，脉冲波宽从0.1ms开始，逐次递增脉冲波宽，使动作电位刚好出现时的脉冲波宽即为利用时。

5.测定时值　用两倍基强度刺激坐骨神经，调节脉冲波宽，使动作电位刚好出现时的波宽值即为时值。

实验操作过程见图10-2。

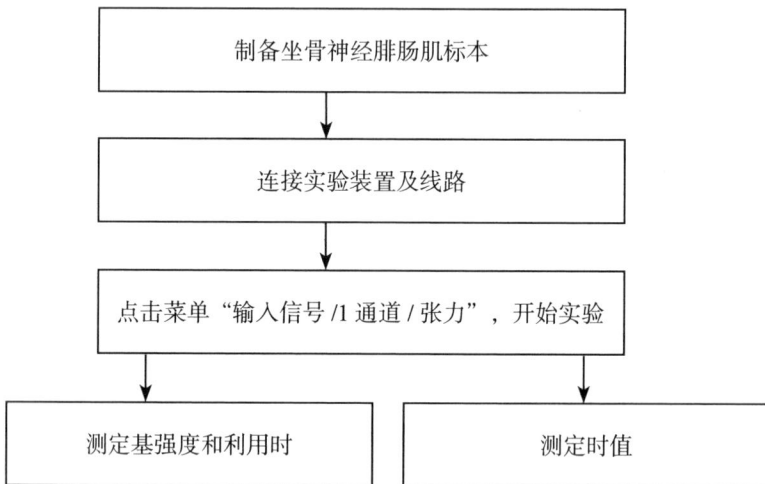

制备坐骨神经腓肠肌标本 → 连接实验装置及线路 → 点击菜单"输入信号/1通道/张力"，开始实验 → 测定基强度和利用时 / 测定时值

图10-2　神经的强度-时间曲线描记和时值的测定实验步骤图

【注意事项】

1 神经干标本应始终保持湿润，防止标本干燥，影响标本兴奋性。

2.屏蔽盒内要保持一定的湿度，但也应防止电极间短路。

3. 刺激强度和刺激波宽在增加时增幅不宜过大。

【思考与练习】

1. 简述刺激强度和刺激作用时间之间的关系。
2. 组织兴奋性高低常用哪些指标进行衡量?

实验十一 肌电图描记 ▷▷▷

【实验目的】

1. 了解肌电图描记的方法。
2. 观察正常肌电图的波形；拮抗肌交替抑制的电活动表现。

【实验原理】

骨骼肌属于可兴奋组织，其接受有效刺激可产生兴奋，并通过兴奋收缩耦联产生相应的收缩。因此，在收缩前必然先产生电变化，该电变化可迅速通过体液传导至体表。若将电极刺入肌肉或置于体表可记录到肌肉电活动，称为肌电图。骨骼肌组织由众多兴奋阈不同的肌纤维组成，随刺激强度的变化兴奋收缩的肌细胞数目也不尽相同，参与收缩的肌细胞越多则记录到的电活动越强烈。如果将表面电极置于关节周围的拮抗肌皮肤表面，则可观察到随关节屈伸运动出现的拮抗肌交替抑制的电活动。

【实验对象】

人。

【实验用品】

针形电极、表面电极、BL-420F 生物机能实验系统、胶布、导电膏、75% 酒精棉球。

【实验步骤】

1. 刺入针形电极 用酒精棉球消毒皮肤，将无菌针形电极经皮肤刺入肌肉，电极导线与 BL-420F 生物机能实验系统的输入通道连接。

2. 固定表面电极 用酒精棉球擦拭待测肌肉皮肤表面，将涂有导电膏的两个表面电极（相距约 2cm）沿肌肉纵行方向贴附在待测肌肉皮肤表面，以胶布固定。表面电极导线与 BL-420F 生物机能实验系统的输入通道连接。

打开 BL-420F 生物机能实验系统，点击菜单"实验项目"，按计算机提示逐步进入"肌电图"实验项目。

3. 观察项目

（1）嘱受试者安静，肌肉放松。此时因上运动神经元无下传冲动，肌肉没有兴奋反应，此时称电静息。

（2）轻轻移动针形电极，针尖刺激肌纤维的瞬间，可观察到时程约 100ms，电压为 1～3mV 的电位变化波形，称插入电位。

（3）受试者轻度运动被测肌肉，观察针形电极记录的单个运动单位的电位波形。同时观察表面电极记录的多个神经肌单位的综合电位波形。

（4）受试者进行不同强度的运动，观察两种电极记录出的肌电变化情况。

（5）将两对表面电极分别固定在肱二头肌和肱三头肌表面的皮肤上。受试者做肘关节屈曲运动，观察屈肌和伸肌各自的肌电活动。

（6）受试者做肘关节交替屈伸运动，观察随关节屈伸运动拮抗肌交替的电活动。

实验操作过程见图 11-1。

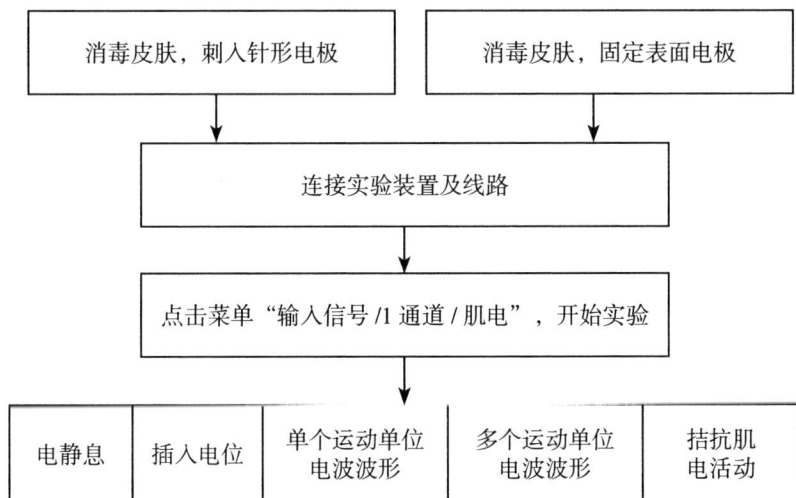

图 11-1 肌电图描记实验步骤图

【注意事项】

1. 刺入针形电极时，受测部位皮肤要严格消毒，且针形电极须无菌。

2. 被测肌肉可选用四肢较发达肌肉，如肱二头肌、股四头肌、小腿三头肌、三角肌等。

3. 检查地线是否接好。

【思考与练习】

针形电极与表面电极记录出的肌电图波形有何不同？为什么？

实验十二　血细胞比容的测定 ▷▷▷▷

【实验目的】

学习和掌握测定血细胞比容的方法。

【实验原理】

将定量的抗凝血液注入比容管内，用一定的速度和时间离心，上层呈淡黄色的液体是血浆，中间有一白色薄层是白细胞和血小板，下层为深红色的红细胞，彼此压紧而不改变细胞的正常形态。根据血细胞柱及全血高度，可计算出血细胞在全血中的容积比值，即为血细胞比容（压积），正常成年男性为 40% ～ 50%，女性为 37% ～ 48%。

【实验对象】

人或家兔。

【实验用品】

哺乳类动物手术器械一套、兔手术台、动脉插管、气管插管、动脉夹、比容管、天平、离心机、注射器（20mL、5mL）、试管、纱布、丝线、20% 氨基甲酸乙酯溶液、碘伏、75% 酒精、柠檬酸钠溶液。

【实验步骤】

1. 家兔血细胞比容测定

（1）麻醉和固定　具体操作参看实验一。

（2）气管插管　分离气管，进行气管插管，建立呼吸通道。具体操作参看实验二。

（3）动脉插管　分离颈总动脉并进行插管，具体操作参看实验二。

（4）采血　动脉插管完成后立即将血液沿管壁缓缓注入已加柠檬酸钠溶液的试管中，盖上试管塞，缓慢颠倒试管 2 ～ 3 次，使血液与柠檬酸钠溶液充分混匀，制成抗凝血。用吸管从试管中吸取抗凝血，将吸管插入比容管底部，慢慢将血液注入比容管至 10cm 刻度为止。

（5）离心　用天平称重，使离心机旋转轴两侧相应的两个套筒及其内容物的总重量相等。开动离心机，将比容管以 3000r/min 离心 30min 后，取出比容管，读取血细胞柱的高度。

2. 人血细胞比容测定

（1）静脉采血　用碘伏将局部皮肤进行消毒，用 5mL 的一次性注射器由肘正中静脉抽取血液 2mL，立即将血液沿管壁缓缓注入已加柠檬酸钠溶液的试管中，盖上试管塞，缓慢颠倒试管 2～3 次，使血液与柠檬酸钠溶液充分混匀制成抗凝血。用吸管从试管中吸取抗凝血，然后将吸管插入比容管底部，慢慢将血液注入比容管至 10cm 刻度为止。

（2）离心　同家兔血细胞比容测定。

实验操作过程见图 12-1。

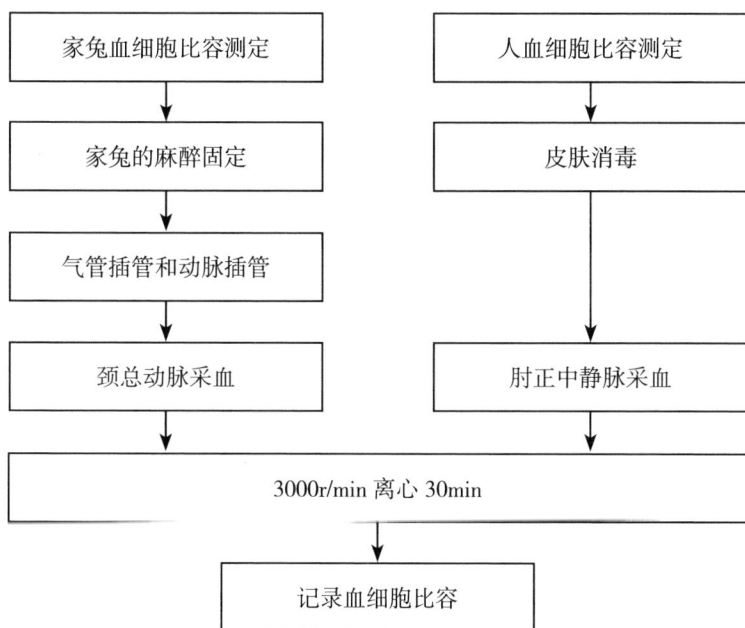

```
┌─────────────────────┐        ┌─────────────────────┐
│   家兔血细胞比容测定   │        │   人血细胞比容测定    │
└──────────┬──────────┘        └──────────┬──────────┘
           ↓                              ↓
┌─────────────────────┐        ┌─────────────────────┐
│    家兔的麻醉固定      │        │      皮肤消毒         │
└──────────┬──────────┘        └──────────┬──────────┘
           ↓                              ↓
┌─────────────────────┐        ┌─────────────────────┐
│   气管插管和动脉插管   │        │                     │
└──────────┬──────────┘        │                     │
           ↓                              ↓
┌─────────────────────┐        ┌─────────────────────┐
│     颈总动脉采血       │        │     肘正中静脉采血    │
└──────────┬──────────┘        └──────────┬──────────┘
           ↓                              ↓
┌─────────────────────────────────────────────────────┐
│               3000r/min 离心 30min                    │
└──────────────────────┬──────────────────────────────┘
                       ↓
            ┌─────────────────────┐
            │     记录血细胞比容     │
            └─────────────────────┘
```

图 12-1　血细胞比容的测定实验步骤图

【注意事项】

1. 家兔麻醉过程中注意随时观察动物反应。

2. 选择抗凝剂必须考虑到不能使红细胞变形、溶解。血液与抗凝剂混匀时动作要轻柔，防止引起红细胞破裂。

3. 颈总动脉放血应在插管完成后立即进行，防止凝血。

【思考与练习】

1. 柠檬酸钠抗凝血的机制是什么？

2. 测定血细胞比容的意义是什么？哪些情况可能导致血细胞比容改变？

实验十三　红细胞渗透脆性的测定 ▷▷▷

【实验目的】

1. 学习测定红细胞渗透脆性的方法。
2. 掌握红细胞的渗透脆性和对低渗溶液的抵抗力之间的关系。

【实验原理】

将红细胞放置于等渗溶液中,红细胞的形态不发生改变。将红细胞放置于高渗和低渗盐溶液中,红细胞的形态均出现改变:置于高渗盐溶液中,红细胞出现皱缩;置于低渗盐溶液中,则发生膨胀,最后破裂,细胞内容物溢入血浆或溶液。将血液滴入不同浓度的低渗盐溶液中,可以检查红细胞对低渗溶液的抵抗力。开始出现溶血现象的低渗盐溶液浓度,为该血液红细胞的最小抵抗力(0.40%～0.44%NaCl 溶液);出现完全溶血时的低渗盐溶液浓度,则为该红细胞的最大抵抗力(0.32%～0.36%NaCl 溶液)。对低渗盐溶液的抵抗力小,表示红细胞的脆性大;反之,表示脆性小。最大抵抗力到最小抵抗力的范围,称脆性范围。

【实验对象】

人或家兔。

【实验用品】

哺乳类动物手术器械一套、兔手术台、5mL 试管 10 支、试管架、棉签、纱布、5mL 注射器、2mL 吸管、记号笔、75% 酒精、碘伏、柠檬酸钠溶液、1%NaCl 溶液、蒸馏水。

【实验步骤】

1. 低渗盐溶液配制　取干燥洁净 5mL 试管 10 支,用记号笔从 1～10 分别标记后,排列在试管架上。参照表 13-1 所示的量,向各试管内加入 1%NaCl 溶液和蒸馏水并混匀,配制成从 0.28%～0.64% 的 10 种不同浓度的低渗盐溶液,每管盐溶液均为 2.5mL。

表 13-1　低渗氯化钠溶液的配置及浓度

试液 ＼ 试管号	1	2	3	4	5	6	7	8	9	10
1%NaCl（mL）	1.6	1.5	1.4	1.3	1.2	1.1	1.0	0.9	0.8	0.7
蒸馏水（mL）	0.9	1.0	1.1	1.2	1.3	1.4	1.5	1.6	1.7	1.8
NaCl浓度（%）	0.64	0.60	0.7	0.52	0.48	0.44	0.40	0.36	0.32	0.28

2. 采血　局部皮肤消毒后，用 5mL 一次性注射器由肘正中静脉抽取血液 1mL；或固定家兔后从耳缘静脉抽血 1mL，将抽取的血液放入事先已加入柠檬酸钠溶液的烧杯内，轻摇烧杯使之混匀。

【观察项目】

用注射器向 10 只试管各加一滴血液，轻轻摇晃混匀，在室温下放置 1h，然后根据混合液的颜色进行观察。

1. 试管内下层为混浊红色，上层为无色透明，说明红细胞尚未破裂，称为不溶血。

2. 试管内盐溶液下层为混浊红色，上层为透明红色，则表明红细胞部分破裂，称为不完全溶血。开始出现不完全溶血的盐溶液浓度，即为红细胞的最小抵抗力（表示红细胞的最大渗透脆性）。

3. 试管内盐液体完全变成透明红色，说明红细胞完全破裂，称为完全溶血。引起完全溶血的最小盐溶液浓度，即为红细胞的最大抵抗力（表示红细胞的最小渗透脆性）。

通过实验记录红细胞渗透脆性范围，即最小抵抗力时盐溶液浓度和最大抵抗力时盐溶液浓度的范围。

实验步骤见图 13-1。

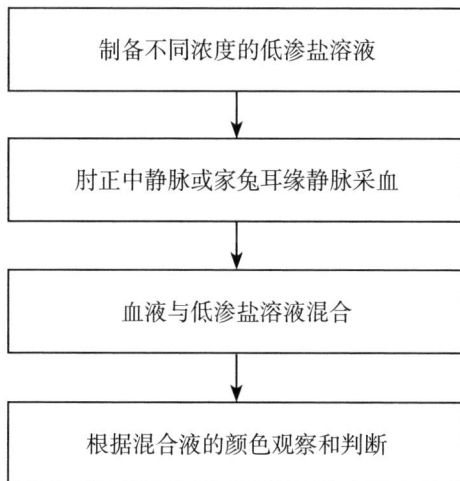

图 13-1　红细胞渗透脆性的测定实验步骤图

【注意事项】

1. 不同浓度的低渗盐溶液的配置准确。

2. 各试管加入的血液量必须保持一致；血液滴入试管后，立即轻轻混匀，避免血液凝固和假象溶血。

3. 试管必须洁净干燥。

4. 观察时，应在光亮处，以白色为背景进行观察。

【思考与练习】

1. 什么是红细胞渗透脆性？测定红细胞渗透脆性有何临床意义？

2. 同一个体不同红细胞的渗透脆性是否一样？为什么？

3. 输液时所用的生理盐水的 NaCl 浓度是多少？其渗透压和血浆渗透压相比如何？

实验十四　**红细胞沉降率的测定** ▷▷▷▷

【实验目的】

学习并掌握魏氏法测定红细胞沉降率的方法。

【实验原理】

将经过抗凝处理的新鲜血液置于垂直竖立的血沉管内，血液中红细胞会因为重力而下沉，在其上部析出血浆。但红细胞在血浆中沉降速度很慢，故红细胞能相对稳定地悬浮于血浆中，这种特性称为红细胞的悬浮稳定性。通常以第 1h 末红细胞下沉后在血沉管内析出的血浆柱高度（mm）表示红细胞沉降的速度，称为红细胞沉降率，简称血沉。许多疾病（如活动性肺结核、风湿热等）血沉可明显加快，因此红细胞沉降率的测定具有临床诊断意义。

【实验对象】

人或家兔。

【实验用品】

哺乳类动物手术器械一套、兔手术台、魏氏血沉管、血沉固定架、棉签、5mL 注射器、试管、试管架、吸管、20% 氨基甲酸乙酯溶液、碘伏、75% 酒精、3.8% 柠檬酸钠溶液。

【实验步骤】

1. 取人肘正中静脉血液 2mL（具体操作步骤见实验十二），或将家兔麻醉固定后，剪去胸部左侧的兔毛，消毒，在左胸部心脏搏动最明显的部位用注射器垂直刺入心腔，抽取心脏血液 2mL。抽取的血液放入事先已加入柠檬酸钠溶液的干净清洁试管中。轻轻晃动试管，使血液和柠檬酸钠溶液充分混匀。

2. 取干燥的魏氏血沉管 1 支，从试管内吸取血液到血沉管刻度 0 处，将血沉管垂直固定在血沉固定架上，计时 1h。

3. 第 1h 末，读取血沉管内析出的血浆柱高度即红细胞下降的毫米数，即为红细胞沉降率（mm/h）。

实验操作过程见图 14-1。

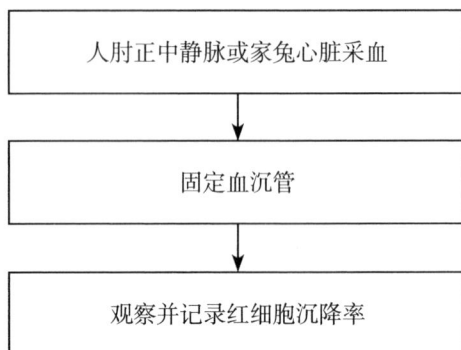

图 14-1　红细胞沉降率的测定实验步骤图

【注意事项】

1. 人体采血注意严格消毒。
2. 所有器具均应清洁、干燥。
3. 自采血起，整个实验应在 2h 内完成，否则会影响实验的准确性。
4. 温度越高则沉降率越快，故应在室温 20 ～ 27℃进行为宜。
5. 血沉管应垂直竖立，不能稍有倾斜。不得有气泡和漏血。

【思考与练习】

1. 影响红细胞沉降速度的因素有哪些？
2. 什么是红细胞悬浮稳定性？如何测定红细胞悬浮稳定性？正常值为多少？
3. 如何验证血沉的快慢主要取决于血浆而不是红细胞？

实验十五　出血时间测定 ▷▷▷▷

【实验目的】

学习出血时间的测定方法，了解其临床意义。

【实验原理】

出血时间是指小血管破损出血起至自行停止所需的时间。出血时间的长短与小血管收缩和血小板的黏附、聚集、释放、吸附及收缩等生理特性有关。

正常人的出血时间：1 ～ 4min。

临床上测定出血时间，可了解生理性止血过程及血小板的数量和功能状态。

【实验对象】

人。

【实验用品】

75% 酒精棉球、采血针、滤纸条、秒表。

【实验步骤】

1.以 75% 酒精棉球消毒耳垂或末节指端，用消毒后的采血针刺入皮肤 2 ～ 3mm，让血液自然流出，用秒表立即记下时间。

2.每隔 30s 用滤纸条吸去流出的血液一次，使滤纸条上的血点依次排列，直到出血停止。

3.通过秒表记录出血时间或用滤纸条上的血点数除以 2 即为出血时间。

【注意事项】

1.采血时严格消毒，采血针要一人一针，不能混用。

2.针刺皮肤不要太浅，使血自然流出，不要挤压。

3.如果出血时间超过 15min，应停止实验，进行止血。

【思考与练习】

1. 试述生理性止血的基本过程。

2. 影响出血时间的因素有哪些？

3. 出血时间延长的患者，血液凝固的时间是否一定会延长？

实验十六　凝血时间测定　▷▷▷▷

【实验目的】

学习凝血时间测定方法及其临床意义。

【实验原理】

凝血过程一旦开始，一系列凝血因子被激活，最后使纤维蛋白原转变为纤维蛋白。从血液离体至完全凝固所需的时间称为凝血时间。凝血时间主要反映各种凝血因子有无缺乏或减少、功能是否正常，或抗凝物质是否增多等。

正常凝血时间的参考值：玻片法 2 ～ 5min，试管法 4 ～ 12min。

临床上某些血液病如血友病、维生素 K 缺乏症的鉴别，需要测定凝血时间。

【实验对象】

人。

【实验用品】

采血针、玻片、秒表、小试管 3 支、试管架、一次性注射器（5mL）、37℃水浴箱、75％酒精棉球、干棉球、棉签、碘伏。

【实验步骤】

1. 玻片法　以 75％ 酒精棉球消毒耳垂或末节指端后，用消毒的采血针刺入皮肤 2 ～ 3mm，让血液自然流出，用干棉球轻轻拭去第一滴血液，待血液重新流出时，以清洁、干燥的玻片接取一大滴血液（直径 5 ～ 10mm），用秒表立即开始计时，于 2min 后，每隔 30s 用针尖挑血一次，直至挑起纤维蛋白丝为止，所需时间即为凝血时间。

2. 试管法　取 3 支清洁干燥的小试管，排列放置于试管架上。用碘伏和 75％ 酒精棉球消毒皮肤，由静脉采血 3mL，用秒表立即开始计时，将血液沿试管壁缓慢注入 3 支小试管，每试管 1mL，置于 37℃水浴中。然后每隔 30s 将第 1 管倾斜一次，观察血液是否流动，直到血液不流动为止。再依次观察第 2 管和第 3 管，以第 3 管血液的凝固时间作为凝血时间。

【注意事项】

1. 采血时严格消毒，采血针要一人一针，不能混用。

2. 用针尖挑血时应沿一定方向直挑，30s 一次，勿多方向挑动，以防破坏血液凝固时的纤维蛋白网状结构而造成不凝的假象。

3. 采用试管法时，三个试管内径须一致，且清洁、干燥。血液加入试管时要缓慢，不能产生泡沫，倾斜试管的动作要轻，角度要小。

【思考与练习】

1. 影响凝血时间的因素有哪些?

2. 凝血时间与出血时间有何不同?

实验十七　ABO 血型鉴定与交叉配血试验 ▷▷▷▷

【实验目的】

1. 学习 ABO 血型鉴定及交叉配血实验的方法。
2. 掌握输血前认真进行血型鉴定和交叉配血试验的临床意义。

【实验原理】

输血是外科手术过程中的一个重要环节，挽救了无数患者的生命。在输血之前首先要确定血型。血型是指血细胞膜上特异性凝集原（抗原）类型，通常所说的血型是指红细胞血型。红细胞膜上有抗原，称为凝集原；在血清中有抗体，称为凝集素。凝集原和凝集素的凝集反应，实际上是一种抗原抗体免疫反应。临床上根据红细胞膜所含的凝集原类型不同，将 ABO 血型分为 A 型、B 型、AB 型及 O 型四种血型。血型鉴定方法是用已知的 A 标准血清、B 标准血清与被鉴定人的血液相混合，依其发生凝集反应的结果来判断被鉴定人红细胞表面所含的凝集原种类，从而确定血型。

临床上为确保输血安全，输血前要做交叉配血试验。交叉配血试验是将供血者的红细胞与受血者的血清混合（称为交叉配血试验的主侧），再将供血者的血清和受血者的红细胞混合（称为交叉配血试验的次侧），观察有无凝集现象。若主侧和次侧均无凝集，称完全配合，可安全输血；如主侧不凝集，次侧凝集，只能少量、缓慢输血；如主侧凝集，则绝对不能输血。

【实验对象】

人。

【实验用品】

采血针、注射器及针头、消毒棉签、75% 酒精棉球、双凹玻片、滴管、小试管、试管架、牙签、离心机、显微镜、记号笔、碘伏、生理盐水、A 标准血清、B 标准血清。

【实验步骤】

1.ABO 血型鉴定（玻片法）

（1）制备红细胞悬液　用 75% 酒精棉球消毒末节指端，用消毒采血针刺破皮肤，取 1～2 滴血于盛有 1mL 生理盐水的小试管中混匀，制成红细胞悬液。

（2）血清和红细胞悬液混合　用记号笔在双凹玻片两端分别标注 "A""B" 字样，取 A 标准血清、B 标准血清各 1 滴，分别滴在双凹玻片的两端。用滴管吸取红细胞悬液，分别滴一滴于双凹玻片的血清中，用两支牙签分别混匀。

（3）观察结果　10min 后，用肉眼观察有无红细胞凝集反应，如无凝集反应，再用清洁牙签混合。30min 后，再在显微镜下观察有无红细胞凝集反应，根据凝集情况确定被检查者的血型（图 17-1）。

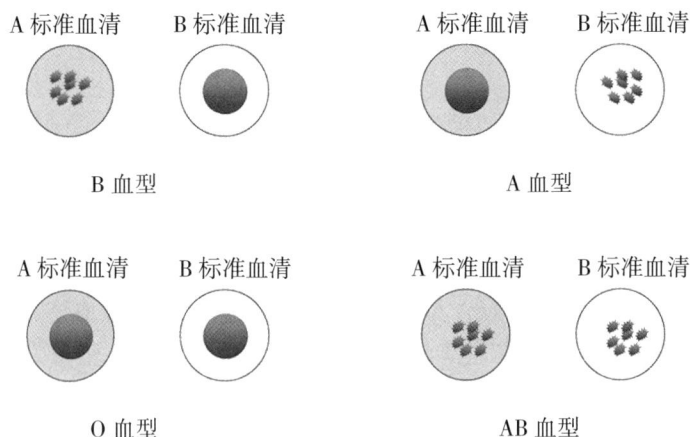

图 17-1　ABO 血型检查结果示意图

2.ABO 血型鉴定（试管法）　取清洁干燥的小试管两支，分别标注 "A""B" 字样，向 2 支试管内分别加入 A 标准血清、B 标准血清与上述红细胞悬液各 1 滴，混匀静置 5min 后离心 1min。取出小试管后观察有无红细胞凝集反应，根据凝集情况确定被检查者的血型。

3. 交叉配血（玻片法）

（1）制备红细胞悬液和血清　用碘伏、75% 酒精棉球消毒皮肤，用消毒的干燥注射器分别抽取受血者静脉血 2mL，将其中 1～2 滴加入装有 1mL 生理盐水的小试管中制成红细胞悬液，其余血液装入另 1 支小试管中，待其凝固后离心析出血清备用。以同样的方法制备供血者的红细胞悬液和血清。用记号笔在试管上做供血者、受血者标记。

（2）红细胞悬液和血清交叉混合　在双凹玻片两端分别标上 "主""次" 字样，在主侧分别加上供血者红细胞悬液和受血者血清各 1 滴，在次侧分别滴加供血者血清和受血者红细胞悬液各 1 滴，分别用牙签混合。15min 后观察结果，如两侧均无凝集，表示配血相合，可以输血。

4. 交叉配血（试管法） 取清洁干燥的小试管 2 支，分别标注"主""次"字样，在主侧分别加上供血者红细胞悬液和受血者血清各 1 滴，在次侧分别滴加供血者血清和受血者红细胞悬液各 1 滴，混匀静置 5min 后离心 1min。取出试管，观察有无红细胞凝集反应，根据凝集情况确定被检查者的血型。

实验操作步骤见图 17-2。

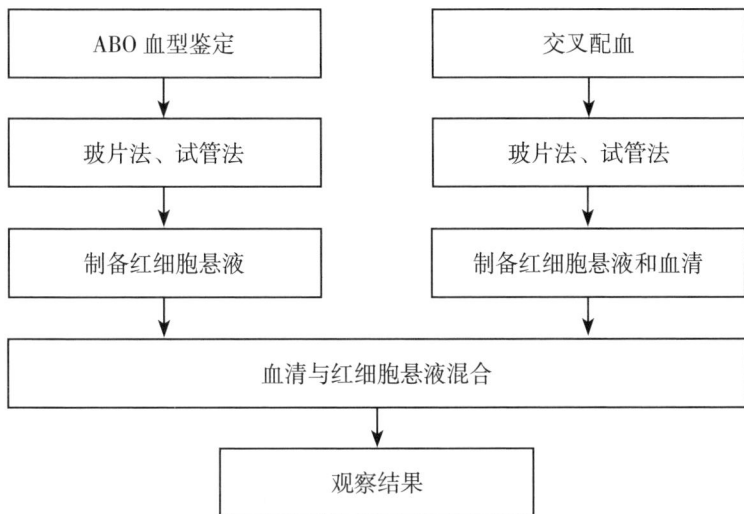

图 17-2　ABO 血型鉴定与交叉配血试验步骤图

【注意事项】

1. 采血时严格消毒，采血针要一人一针，不能混用。

2. 吸取红细胞悬液和血清时，应使用不同的滴管，切勿混用；搅拌用的牙签不得混淆使用。

3. 肉眼难以辨别是否凝集的，应在显微镜下观察。

4. 注意区分红细胞凝集和聚集。

5. 判断红细胞是否凝集需要 10 ～ 15min。

【思考与练习】

1. 临床输血原则有哪些？

2. 如无标准血清，仅知某人的血型是 A 型或 B 型，可否利用这一条件鉴定未知血型？

3. 为什么在血型相同的人之间进行输血，也要进行交叉配血试验？

4. 同一个供血者和受血者，第二次输血时还要做交叉配血试验吗？

实验十八 蛙心起搏点分析 ▷▷▷▷

【实验目的】

1. 熟悉蛙类心脏的解剖结构。
2. 利用斯氏结扎的方法观察蛙心的正常起搏点，并分析心脏的传导途径。

【实验原理】

心肌的电生理特性表现为兴奋性、传导性和自律性。心肌的自律性主要取决于心脏的特殊传导系统，但各部位的自律性高低不同。哺乳类动物的窦房结（两栖类动物是静脉窦）自律性最高，其自动产生兴奋并依次通过心房优势传导通路、房室交界区、房室束、浦肯野纤维和心室肌，使整个心脏兴奋，表现出统一的收缩和舒张。由于窦房结（静脉窦）是控制整个心脏活动的部位，故称为心脏正常起搏点。其他自律组织的自律性较低，受窦房结的控制而不能表现出自动节律性，称为潜在起搏点。当窦房结的兴奋不能下传时，潜在起搏点可以自动发生兴奋，使心房或心室依照节律性最高部位的节律而搏动，产生异位节律。

蛙属于两栖类动物，其心脏的正常起搏点是静脉窦，正常情况下，心房和心室在静脉窦的冲动下依次发生搏动。本实验用斯氏结扎方法阻断传导通路来观察蛙心的正常起搏点和心脏不同部位自律性的高低。

【实验对象】

蟾蜍或蛙。

【实验用品】

蛙类手术器械一套、蛙心夹、棉球、丝线、任氏液。

【实验步骤】

1. 捣毁脑和脊髓 取蟾蜍或蛙一只，用金属探针破坏脑和脊髓，取出探针，将蛙仰卧位固定于蛙板上。

2. 暴露心脏 用剪刀剪开胸骨表面的皮肤，用镊子提起胸骨，用剪刀剪开两侧肌肉和胸骨打开胸腔，用镊子提起心包膜，仔细剪开心包，暴露心脏。

3. 观察正常的心脏搏动 识别心房、心室、动脉圆锥、主动脉干、静脉窦、窦房沟（静脉窦与心房交界处的一半月形白线）（图 18-1）。观察静脉窦、心房和心室的活动顺序，并记录各部位在单位时间内搏动的频率。在表 18-1 记录各自的搏动频率（次 / 分）。

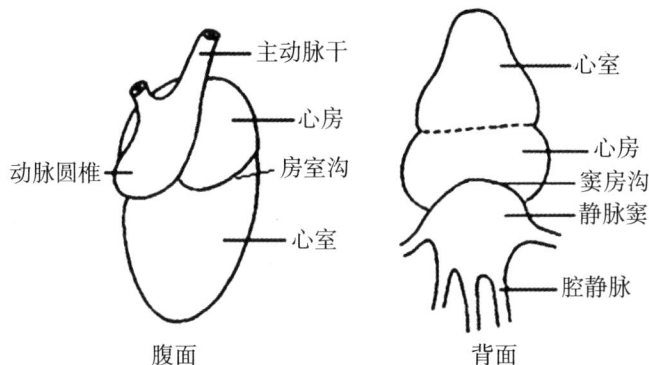

图 18-1 蛙心外形

4. 结扎窦房沟 在动脉干下穿线，将蛙心心尖翻向头端，暴露心脏背面，在静脉窦和心房交界处的半月线（即窦房沟）处将预先穿入的线结扎以阻断静脉窦和心房之间的传导。观察心房和心室搏动是否停止。待心房和心室恢复搏动后，观察静脉窦、心房和心室搏动频率有何变化。并在表 18-1 中记录各自的搏动频率（次 / 分）。

表 18-1 斯氏结扎前后蛙心搏动频率

	静脉窦搏动频率	心房搏动频率	心室搏动频率
结扎前			
结扎窦房沟			
结扎房室沟			

5. 结扎房室沟 结扎窦房沟，待心房和心室恢复搏动后，在房室沟处穿一丝线，将房室沟结扎，以阻断房 – 室间的兴奋传导，观察心室是否暂时停止搏动。待心室恢复搏动后，分别记录静脉窦、心房、心室的搏动频率，并在表 18-1 中记录各自的搏动频率（次 / 分）。

6. 确定正常起搏点及传导顺序 比较结扎窦房沟、房室沟前后静脉窦、心房、心室搏动频率，分析心脏各部位的自律性及传导顺序。

实验步骤见图 18-2。

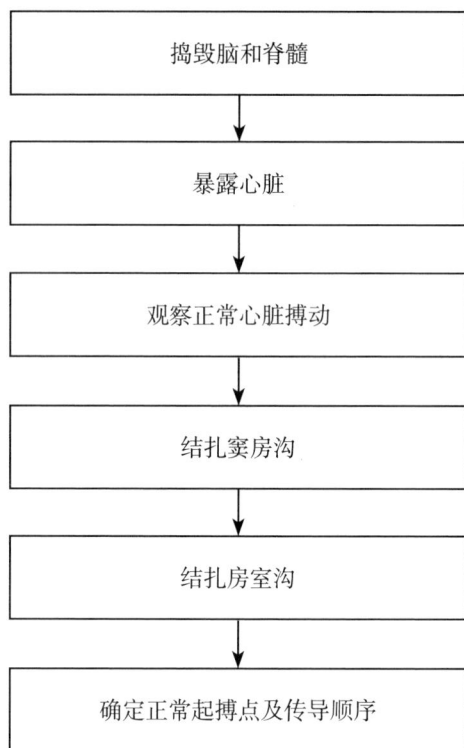

图 18-2　蛙心起搏点分析实验步骤图

【注意事项】

1.破坏中枢要彻底，防止上肢肌紧张，影响手术视野暴露。

2.在剪开胸骨、胸壁及心包膜时，切勿伤及心脏和大血管。

3.实验过程中随时向心脏表面滴加任氏液，以保持心脏表面湿润。

4.结扎后如心房和心室停跳时间过长，可用玻璃分针给心房和心室机械刺激，或对心房、心室加温，促进心房和心室恢复跳动。

【思考与练习】

1.正常起搏点是如何控制潜在起搏点活动的?

2.结扎窦房沟时，为什么心房没有立即恢复搏动?

3.根据本实验结果，会得出什么实验结论?

实验十九　期前收缩与代偿间歇 ▷▷▷▷

【实验目的】

1.学习心脏在一次兴奋过程中，兴奋性的周期性变化。

2.学习蛙心搏动曲线的记录方法。通过在心脏活动的不同时期给予刺激，观察期前收缩和代偿间歇，了解其生理意义。

【实验原理】

心肌每兴奋一次，其兴奋性都会发生一次周期性变化。心肌的兴奋性周期变化分为有效不应期（包括绝对不应期和局部反应期）、相对不应期和超常期。心肌与其他可兴奋组织相比，其特点是有效不应期特别长，约相当于整个心动周期的收缩期和舒张早期。在心肌的有效不应期内，给予任何的外加刺激都不能引起心肌兴奋而收缩。在此后的相对不应期和超常期，若给心脏一个合适的刺激，可在正常节律性兴奋到达之前引起一个提前出现的兴奋和收缩，称期前兴奋和期前收缩。期前兴奋也有自己的有效不应期。随后到达的正常起搏点的兴奋正好落在期前兴奋的有效不应期内，因而不能引起心室肌兴奋和收缩，必须等到下一次正常起搏点的兴奋到达时才能发生兴奋和收缩。这种在一次期前收缩之后出现的较长的心脏舒张期，称为代偿间歇。

【实验对象】

蟾蜍或蛙。

【实验用品】

蛙类手术器械一套、铁架台（带双凹夹）、张力换能器、滴管、蛙心夹、刺激电极、丝线、BL-420F 生物机能实验系统、任氏液。

【实验步骤】

1.暴露心脏　取蟾蜍或蛙一只，破坏脑和脊髓，将其仰卧位固定于蛙板上。打开胸腔，暴露心脏。具体操作见实验十八。

2.标本连接　将连有丝线的蛙心夹在心舒期夹住蛙心尖少许。用丝线将蛙心夹连在张力换能器上，将刺激电极的夹子分别与蛙心夹上的漆包线和蛙的胸骨相连（图19-1）。

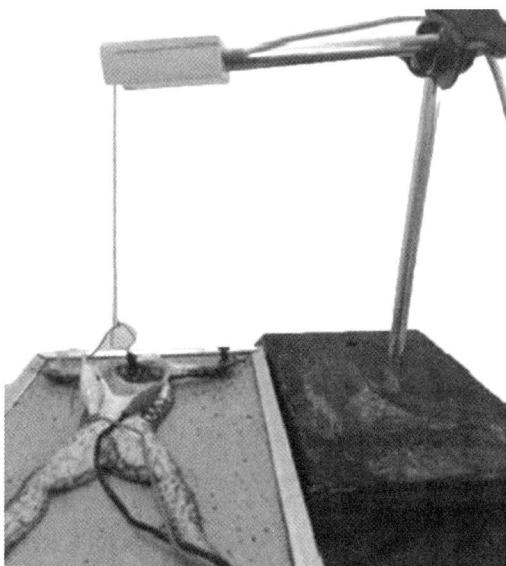

图 19-1　期前收缩装置

3. 连接 BL-420F 生物机能实验系统　将张力换能器的输入端连接到 BL-420F 生物机能实验系统的 1 通道，刺激电极与该系统的刺激输出相连。

启动 BL-420F 生物机能实验系统，在"实验项目"中选"循环实验"菜单项，并在子菜单中选择"期前收缩与代偿间歇"，按默认实验参数进入实验。

4. 观察项目

（1）描记蛙心正常的搏动曲线，观察心脏收缩期和舒张期的心搏曲线。

（2）单击刺激参数调节区的"启动／停止刺激"命令按钮，分别在收缩期和舒张早期、中期、晚期对心室施加同样的电刺激，观察心搏曲线有何变化。若实验效果不理想，可在"刺激参数调节区"适当调整刺激强度以获得最佳的实验效果。注意每刺激一次，须等心室恢复正常跳动后再给下一次刺激。

实验操作步骤见图 19-2，实验结果见图 19-3。

【注意事项】

1. 破坏脑和脊髓应完全，以免实验中动物活动影响曲线记录。

2. 用蛙心夹夹心尖时避免夹破心脏，蛙心夹与张力换能器间的连接应有一定的紧张度。

3. 在实验过程中注意适时滴加任氏液，以保持蛙心湿润。

4. 注意刺激电极的连接，应保证形成刺激环路。

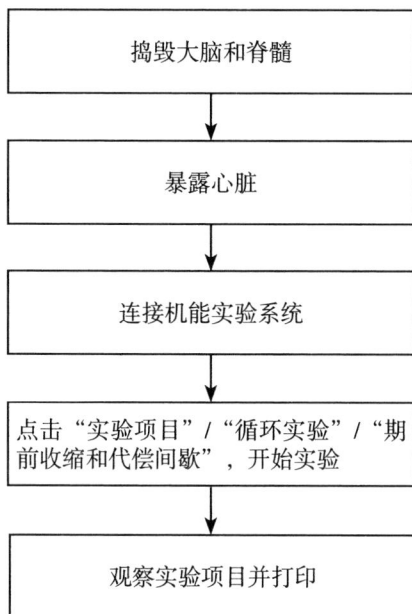

图 19-2　期前收缩与代偿间歇实验步骤图

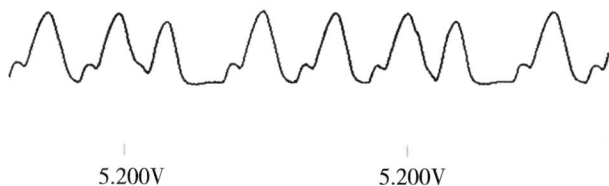

5.200V　　　　　　　　　5.200V

图 19-3　期前收缩与代偿间歇

【思考与练习】

1.心肌每兴奋一次后,其兴奋性的变化有何特点?

2.破坏脑和脊髓后,心脏为何还会跳动?

3.在期前收缩之后是否一定出现代偿间歇?为什么?

实验二十　心音听诊 ▷▷▷

【实验目的】

1. 学习心音听诊方法。
2. 识别第一心音和第二心音。

【实验原理】

　　心音是指在心动周期中，由于心肌收缩和舒张、瓣膜启闭、血流冲击心室壁和大动脉壁等因素引起的机械振动，通过周围组织传播到胸壁。可用耳直接贴在胸壁上听到或将听诊器置于胸壁上所听到的与心脏收缩和舒张同步的声音，即为心音。通常情况下，用听诊器能听到两个心音，第一心音（S_1）和第二心音（S_2）。第一心音标志着心室收缩的开始，是由房室瓣突然关闭和心室肌收缩射血到动脉的振动所产生的，其特点是音调较低，持续时间长，最佳听诊部位在心尖搏动处（二尖瓣听诊区）；第二心音标志着心舒期的开始，是由动脉瓣关闭、大动脉血流减速及室内压迅速下降引起的振动所致，其特点是音调较高，持续时间短，最佳听诊部位在胸骨旁第二肋间隙（主动脉瓣听诊区和肺动脉瓣听诊区）。当心脏某个瓣膜病变时，可在该瓣膜听诊区听到最清楚的杂音。

【实验对象】

　　人。

【实验用品】

　　听诊器。

【实验步骤】

　　1. 听诊前准备　受试者安静端坐或呈仰卧位，裸露前胸或只着一件单衣。检查者坐在受试者对面或站在受试者诊查床的右侧，观察并用手触摸受试者心尖搏动的位置。
　　2. 确定心音听诊部位　见图 20-1。

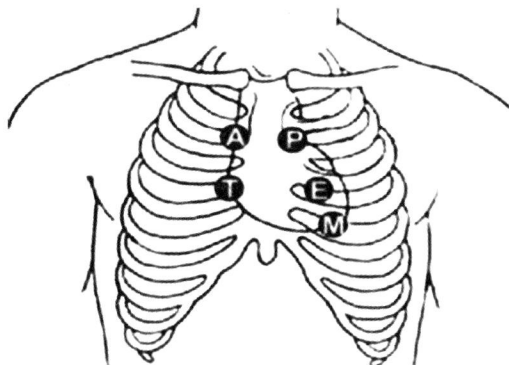

图 20-1 心脏瓣膜的听诊部位

M（二尖瓣听诊区）：左锁骨中线第 5 肋间稍内侧部；T（三尖瓣听诊区）：第 4 肋间胸骨上或右缘处；A（主动脉瓣听诊区）：第 2 肋间胸骨右缘处；E（主动脉瓣第二听诊区）：第 3 肋间胸骨左缘处；P（肺动脉瓣听诊区）：第 2 肋间胸骨左缘处

3. 开始听诊 检查者检查并戴好听诊器，将听诊器耳件塞入外耳道，使耳件的弯曲方向与外耳道一致。用右手拇指、食指、中指轻持听诊器胸件紧贴于受试者胸壁上。按二尖瓣听诊区、主动脉瓣听诊区、肺动脉瓣听诊区和三尖瓣听诊区的顺序依次进行听诊，仔细听取心音，注意区分第一心音和第二心音。

4. 第一心音和第二心音的鉴别

（1）按心音的性质 S_1 音调低，持续时间长；S_2 音调高，持续时间较短。

（2）按两次心音的间隔时间 S_1 与 S_2 之间为收缩射血期，时间间隔较短；S_2 与下一次 S_1 之间为舒张充盈期，时间间隔较长。

此外，与心尖搏动同时听到的心音为 S_1，与桡动脉搏动同时听到的心音为 S_2。

实验操作步骤见图 20-2。

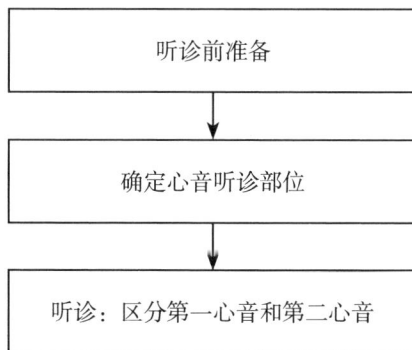

听诊前准备

确定心音听诊部位

听诊：区分第一心音和第二心音

图 20-2 心音听诊实验步骤图

【注意事项】

1. 保持室内环境安静，以利于听诊。

2. 听诊器胸件紧贴听诊部位，不宜过重或过轻。

3. 听诊器耳端应与外耳道方向一致，橡皮管不可交叉扭结，不可与其他物体摩擦，以免发生摩擦音，影响听诊。

【思考与练习】

1. 心音是如何产生的？

2. 怎样区别第一心音和第二心音？

3. 心音听诊有何临床意义？

实验二十一　人体心电图 ▷▷▷▷

【实验目的】

1. 学习人体心电图的描记方法。
2. 了解人体正常心电图及其各波形的生理意义。

【实验原理】

每个心动周期中，由窦房结产生的兴奋依次传导至心房和心室，引起心肌细胞的兴奋。心脏各部分兴奋过程中的电变化及其时间顺序、方向和途径等都有一定规律，这种电变化可通过其周围的组织和体液传布到全身和体表。将电极置于人体表面一定部位，经仪器放大可记录到的整体心脏每个心动周期综合电变化的波形，称为心电图。心电图只是反映心脏兴奋的产生、传导和恢复过程中的综合生物电变化，与心脏机械收缩无直接关系。

【实验对象】

人。

【实验用品】

心电图机、分规、诊察床、75%酒精棉球、电极糊（导申膏）。

【实验步骤】

1. 心申图机连接　将心电图机连接电源线、地线和导联线，预热 3～5min。

2. 引导电极连接　受试者静卧于诊察床上数分钟，全身肌肉放松，裸露腕部、踝部和胸部。用 75% 酒精棉球擦净电极安放处的皮肤，涂上电极糊（导电膏），保持皮肤与电极良好接触及导电性能，将引导电极安放到相应部位。

（1）肢体导联安放部位　右手红线，左手黄线，左足绿线，右足黑线。

（2）胸部导联安放部位　① V_1 导联在胸骨右缘第 4 肋间；② V_2 导联在胸骨左缘第 4 肋间；③ V_3 导联在 V_2 导联与 V_4 导联连线的中点；④ V_4 导联在左锁骨中线与第 5 肋间相交处；⑤ V_5 导联在左腋前线与 V_4 同一水平；⑥ V_6 导联在左腋中线与 V_4 同一水平

（图21-1）。

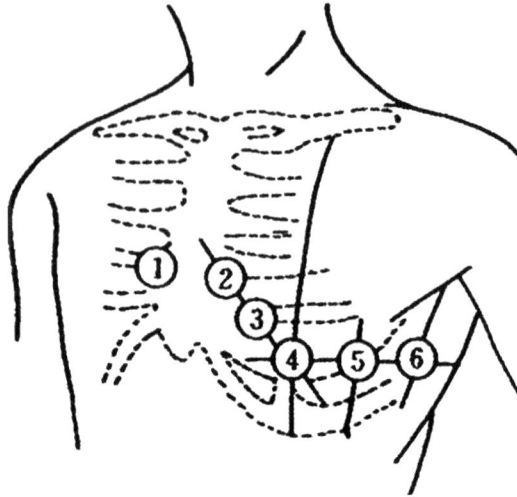

图21-1　胸部导联的电极安放部位

3. 校正心电图机　通过灵敏度调节（增益）调节，使1mv标准电压推动描笔向上移动10mm为准。

4. 描记心电图各导联　依次打开导联开关，记录Ⅰ、Ⅱ、Ⅲ、aVR、aVL、aVF、V_1、V_2、V_3、V_4、V_5、V_6导联的心电图，每个导联记录10个波形左右。记录完毕后，关上电源开关，在记录纸上注明受试者姓名、年龄、性别、记录日期、各导联代号等。

5. 心电图的分析

（1）辨认心电图各组成　在心电图记录纸上分别辨认P波、QRS波群、T波、P-R间期、Q-T间期及ST段。

（2）测量波幅和时间　心电图中，纵坐标表示电压，每一小格（1mm）代表0.1mv。横坐标表示时间，每一小格（1mm）代表0.04s（图21-2）。用分规测量波幅时，凡向上的波形，其波幅沿基线的上缘量至波峰的顶点；凡向下的波形，其波幅应从基线的下缘量至波峰的底点。以Ⅱ导联为例，测量Ⅱ导联中P波、QRS波群、T波的时间和电压，并测量P-R间期和Q-T间期的时间，观察ST段有无移位。测量波宽时，从该波的一侧内缘量至另一侧内缘。

（3）心率的测定　测定相邻的两个心动周期中的P波与P波或R波与R波的间隔时间，代入下列公式进行计算，求出心率。如心动周期的时间间距显著不等时，可将5个心动周期的P-P或R-R间隔时间加以平均，取得平均值，再代入下列公式：

$$心率（次/分）= \frac{60}{P-P或R-R间隔时间（s）}$$

（4）心律的分析　包括主导节律的判定、心律是否规则整齐、有无期前收缩或异位节律出现等。

窦性心律的心电图表现：P波在Ⅱ导联中直立，aVR导联中倒置；P-R间期在正常范围（0.12～0.20s）。成年人正常窦性心律的心率为60～100次／分。

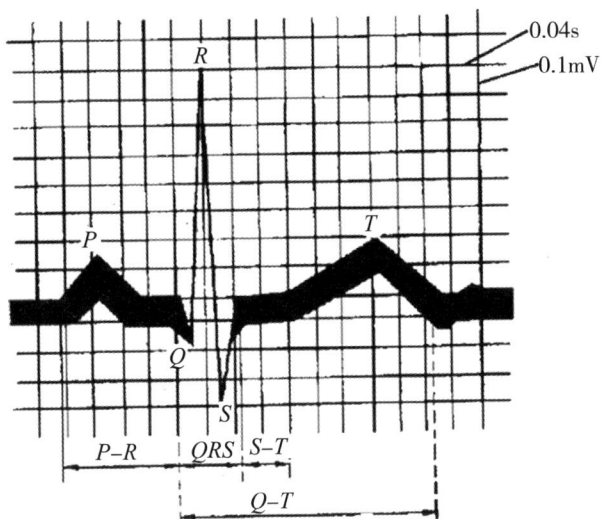

图 21-2　心电图示意图

实验操作步骤见图 21-3。

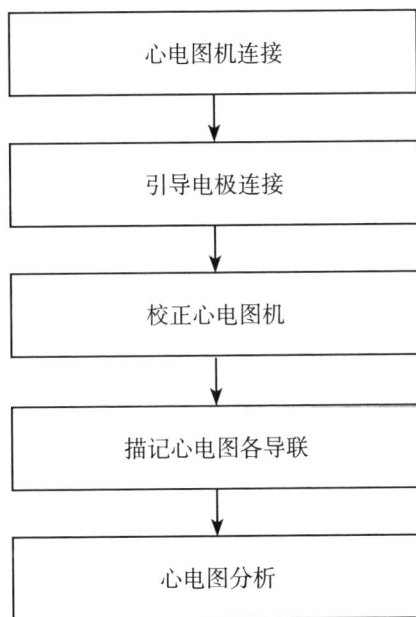

图 21-3　人体体表心电图描记实验步骤图

【注意事项】

1.描记心电图时，受试者应静卧，平静呼吸，全身放松。

2. 若在寒冷环境中记录，应注意保暖，避免低温时肌电收缩的干扰。

3. 电极和皮肤应紧密接触，防止干扰和基线漂移；避免在记录过程中电极脱落。

4. 心电图机应接地良好。

5. 记录完毕，将电极及皮肤擦拭干净，关闭心电图机，最后切断电源。

【思考与练习】

1. 正常心电图的各个间期各为多少？有何生理意义？

2. 常用的心电图导联有哪些？为什么各导联心电图波形不一样？

3. 心电图各波的正常值及其生理意义是什么？

4. 为什么临床上特别注意受试者的 ST 段和 T 波的变化？

实验二十二　人体动脉血压测定 ▷▷▷▷

【实验目的】

1. 学习间接测量人体动脉血压的方法。
2. 掌握人体动脉血压的正常值及其生理波动。
3. 了解正常情况下，影响人体动脉血压的因素。

【实验原理】

血压是指血管内流动的血液对单位面积血管壁的侧压力，也即压强。按照国际标准压力的计量单位规定，血压的单位为帕（Pa），或千帕（kPa），习惯上用毫米汞柱（mmHg）为单位，1mmHg=0.133kPa。通常所说的血压是指动脉血压。测量动脉血压的方法有直接法和间接法。直接法是将导管一端插入动脉，导管的另一端与一个装有水银的"U"形管相连接，通过"U"形管上的刻度读出两边水银液面的高度差，即为测量部位的动脉血压值。临床上常采用间接法测量动脉血压。用血压计和听诊器在上臂肱动脉处间接测定。

通常血液在血管内流动时没有声音，当外加压力使血管变窄，改变血流阻力和血流速度时，则会产生不同声音。当缠于上臂的袖带充气加压，压力超过收缩压时，就会完全阻断肱动脉内的血流，此时在肱动脉下方既听不到声音也触不到桡动脉脉搏。然后逐渐放气降压，当袖带内压力略低于收缩压的瞬间，血液可在动脉压的作用下，通过被压迫而变窄的肱动脉，形成涡流，发出声音，此时用听诊器在肱动脉远端可听到声音，也可触摸到桡动脉脉搏，此时血压计水银柱的读数为收缩压；随着放气袖带内压力愈接近舒张压时，通过肱动脉的血量愈多，血流持续时间愈长，听到的声音越来越强而清晰，当袖带内压力稍低于舒张压时，血管内血流由断续变为连续，失去了形成涡流的因素，声音突然降低或消失，此时水银柱读数相当于舒张压。

【实验对象】

人。

【实验用品】

听诊器、血压计。

【实验步骤】

1. 受试者准备　受试者静坐 5 ～ 10min，待身体放松，呼吸平稳与情绪稳定后，裸露被测上臂，使肘部与心脏处同一水平。

2. 绑袖带　检查者松开血压计橡皮球上的螺丝帽，将袖带展平并将其内空气完全排出，将螺旋帽旋紧，打开水银槽开关。将袖带缠于受试者上臂，袖带下缘应在肘窝上约 2cm，袖带松紧适宜。

3. 放置听诊器　检查者戴上听诊器，注意使耳件的弯曲方向和外耳道一致。在肘窝内侧触摸到肱动脉脉搏后，将听诊器胸件放于其上并与皮肤紧密接触。

4. 测量血压　挤压橡皮球，向袖带内打气加压，边充气边听诊，在听不到脉搏音后继续打气让水银柱再上升 20 ～ 30mmHg，然后打开橡皮球螺丝帽，缓慢放气，在水银柱缓缓下降的同时仔细听诊，当出现第一声血管音时，血压计水银柱上的刻度值为收缩压。然后袖带继续放气，可听到血管音由低变高，而后突然变调，最后完全消失，声音消失时血压计的读数为舒张压。血压记录通常以收缩压 / 舒张压 mmHg 表示，例如某人的动脉血压为 120/80mmHg。重复测定 3 次，记录每一次的血压值，以收缩压 / 舒张压（kPa 或 mmHg）表示。取其 3 次血压的最高值即为受试者的动脉血压。

5. 体位对血压的影响　由于血液受重力和体位的影响，改变体位后，通过对血压的调节，保持全身各组织器官的血液供应。

（1）受试者仰卧位 5 ～ 10min 后，测量其血压。

（2）受试者取站立位 20min 后，测量其血压。

6. 运动对血压的影响　受试者原地做下蹲运动 2min 后，测量其血压。

实验步骤见图 22-1。

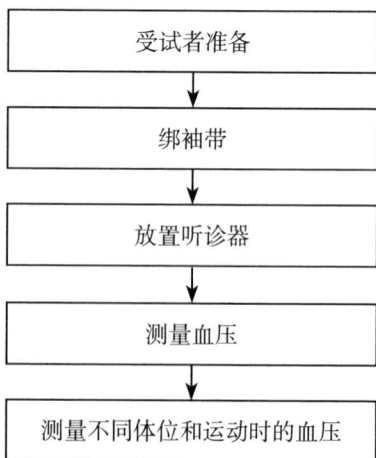

图 22-1　人体动脉血压测定实验步骤图

【注意事项】

1.室内应保持安静,以利于听诊。

2.手臂、血压计必须与心脏水平等高。

3.袖带充气加压后放气时,速度应适中。

4.听诊器放在肱动脉搏动处不能太重或太轻,更不能压在袖带下进行测定。

5.动脉血压通常连续测 2~3 次,每次应间隔 2~3min,重复测量时,袖带内压力必须下降到零后才能重新加压打气。

6.血压计用完后右侧倾斜以关闭水银槽开关,驱尽袖带内气体,整齐卷好放入盒内。

【思考与练习】

1.动脉血压的测定受哪些因素影响?

2.测量血压时,为何不能将听诊器胸件放在袖带下面?

3.测量血压时,双侧上臂的血压值是否一致?

实验二十三　蛙心容积导体实验 ▷▷▷

【实验目的】

1. 掌握容积导体的概念及原理。
2. 了解心电活动记录的方法。

【实验原理】

凡是具有一定体积的整块导电体，都称"容积导体"。机体的组织和体液因含电解质而具有导电性，故机体是一个容积导体。心脏兴奋及传导时的电变化可通过其周围的组织和体液传布到全身和体表。因此可将引导电极置于体表的不同部位以记录心脏活动所产生的周期性变化。

【实验对象】

蟾蜍或蛙。

【实验用品】

蛙类手术器械一套、鳄鱼夹、BL-420F 生物机能实验系统、任氏液。

【实验步骤】

1. 动物手术　取蟾蜍或蛙一只，捣毁脑和脊髓，将其仰卧位固定于蛙板上，打开胸腔，暴露心脏。具体操作见实验十八。

2. 连接实验仪器　模拟心电图标准导联 Ⅱ 的连接方式，将连有导线的鳄鱼夹分别夹在蛙的右前肢和两后肢的肢体上。负极接右前肢，正极接左后肢，右后肢则与接地线相连，其输入导线连至 BL-420F 生物机能实验系统。

启动 BL-420F 生物机能实验系统，点击菜单"实验项目"，按计算机提示逐步进入心电图测量的实验项目。

3. 观察项目

（1）记录蟾蜍或蛙的心电图。

（2）用镊子夹住心尖，连同静脉窦一起快速剪下心脏，将心脏放于盛有任氏液的培养皿内，观察心电图有何变化。

（3）将培养皿中的心脏重新放回胸腔中原来位置，观察心电图波形有何变化。

（4）将心脏倒放（即心尖朝上），观察此时心电图波形会发生什么变化。

（5）从蛙后肢上取下鳄鱼夹，夹在培养皿边缘并与培养皿内的任氏液相接触，将心脏置于培养皿中部，观察心电图记录纸是否会显示心电波形。

（6）再将心脏任意放置于培养皿内，观察心电图的波形又有何变化。

实验步骤见图 23-1。

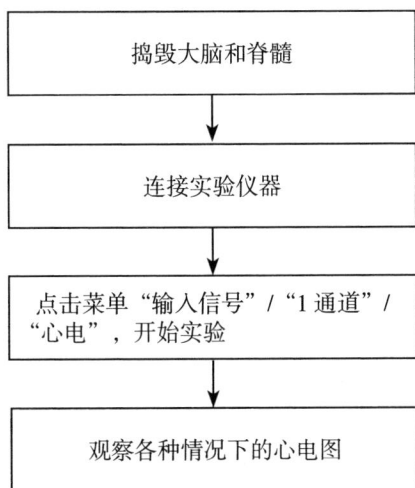

图 23-1　蛙心容积导体实验步骤图

【注意事项】

1. 捣毁动物脑和脊髓要彻底，避免各级中枢对组织的影响。
2. 静脉窦为蛙心正常起搏点，故剪取心脏时切勿伤及静脉窦。
3. 培养皿中的任氏液温度最好保持在 30℃左右。
4. 仪器接地必须良好，以免干扰。

【思考与练习】

1. 为什么将引导电极安置在体表或体内的任何部位均可记录到心脏的生物电活动？
2. 将心脏从胸腔中取出，能否记录到心电变化？为什么？
3. 将心脏放置于培养皿的任氏液中，能否记录到心电变化？为什么？

实验二十四　心电向量测定▷▷▷▷

【实验目的】

1. 了解心电向量的概念及原理。
2. 学习心电向量图的测定方法。

【实验原理】

　　心脏处于体液所构成的容积导体之中，当一部分心肌去极化而产生动作电位时，与临近的处于静息电位的心肌相比，其极化发生反转，变为内正外负，这样两个很近的正负电荷组成电偶。心肌在去极和复极的每一瞬间所产生的大小和方向各不相同的电动力，用物理学上的向量表示即为心电向量。将每一瞬时的心电向量变化运动轨迹记录下来，就是立体心电向量图。立体心电向量图在导联平面上的投影就形成了平面心电向量图。平面心电向量图在导联轴上的投影则形成了心电图，P环、QRS环和T环分别形成心电图中的P波、QRS波和T波。因此，心电图实验检查所得到的图形实际上是立体心电向量图二次投影的结果。

【实验对象】

蟾蜍或蛙。

【实验用品】

蛙类手术器械一套、SBR-1型双线示波器、心电图机。

【实验步骤】

　　1. 动物手术　取蟾蜍或蛙一只，捣毁脑和脊髓，仰卧位固定后打开胸腔暴露心脏。将蛙放入培养皿内。具体操作见实验十八。

　　2. 连接实验仪器装置　按人体常规心电图导联的连接方法，给蛙四肢安置电极（若是针形电极可插入皮下组织），再经导联线与心电图机相连。

　　3. 观察项目
（1）观察常规导联心电图。

（2）将导联电极随意安置于蛙体各部位，观察心电图波形变化。

（3）心电向量图基本图像的观察：打开 SBR-1 型双线示波器侧板，通过机内转换开关，将 Y_1 轴上的放大器改接在 X 轴偏转板上，这样 X 轴功能与 Y_2 轴完全相同。再将蛙的两个肢体导联分别输入 Y_1 和 Y_2 放大器（或经前置放大器再输入 Y_1 和 Y_2 放大器），便可在示波器荧光屏上观察到蛙心的心电向量图。分析该心电向量图的基本波形。

（4）变动蛙心在胸腔内的位置（或改变导联），观察心电向量图有何改变。

实验操作步骤见图 24-1。

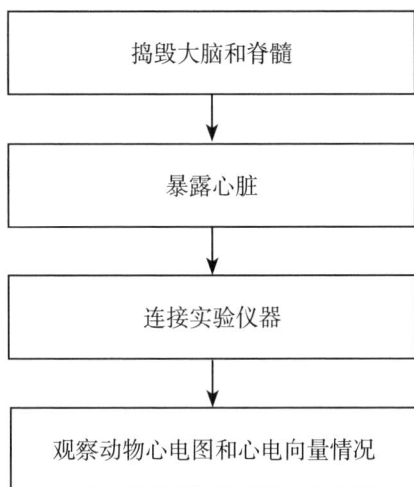

图 24-1　心电向量测定实验步骤图

【注意事项】

1.捣毁动物脑和脊髓要彻底，避免中枢神经系统的干扰。
2.注意仪器妥善接地，以排除电干扰。

【思考与练习】

1.何为心电向量？心电向量与心电图有何关系？
2.改变导联电极的安置部位，心电图的波形有何变化？为什么？
3.蛙心位置改变，心电向量图有何变化？为什么？

实验二十五　心脏收缩时间间期测定 ▷▷▷

【实验目的】

1. 了解心功能检测的方法。
2. 学习左心室收缩过程中射血前时间和射血时间的测定方法。

【实验原理】

通过心电图、心音图、颈动脉搏动图、心尖搏动图或心动阻抗图等同步描记，可测出左心室收缩期中各间期的变化，以估计左心室的功能状态。在左心室收缩过程中，包括等容收缩期、快速射血期和减慢射血期。如果射血前时间（相当于等容收缩期）延长，则射血时间缩短，每搏输出量和射血分数减少，左心室功能降低；反之，射血前时间缩短，则左心室功能增强。因此测量射血前时间和射血时间的比值可作为检测心功能的客观指标。

【实验对象】

人。

【实验用品】

心音换能器、脉搏换能器、心电导联线、分规、诊察床、BL-420F 生物机能实验系统、导电膏或生理盐水。

【实验步骤】

1. 连接实验装置　将心音换能器、脉搏换能器、心电导联线与 BL-420F 生物机能实验系统相连。

2. 同步描记心电图、心音图和颈动脉搏动图　用 BL-420F 生物机能实验系统同步描记心电图、心音图和颈动脉搏动图。检测时，受试者静卧 10min，头部略偏向放置检测颈动脉脉搏换能器的对侧，于呼气末屏气时连续快速记录 5～10 个心动周期，记录仪纸速为 100～200mm/s。心电图选择 Q 波明显的标准导联。心音换能器置于胸前心尖区，描记心音图，音频范围为 100～500Hz，并需有第二心音（S_2）开始时由主动脉瓣关闭所产生的第一个清晰高频成分。颈动脉搏动图描记应在安静状态呼气之末进行，并需有明晰的升支起点和降支降中峡的最低点。

3. 收缩过程时间间期的测定

（1）电机械收缩时间（$Q-S_2$）　$Q-S_2$ 是指心电、机械收缩总时间，为心室去极开始至射血结束的时间。$Q-S_2$ 是判断正性变力效应的指标，心肌收缩力增强时 $Q-S_2$ 缩短。正常参考值为 375ms±27ms。

（2）左室射血时间（LVET）　LVET 是心室开始射血到射血结束的时间，相当于主动脉瓣开放到闭合所经历的时间，是心室活动性能的重要指标。正常参考值为 294ms±6ms。

（3）射血前时间（PEP）　PEP 是指从心室去极开始到射血开始的时间。它反映了心室去极化速度和心室收缩速度的大小，并受心室前、后负荷的影响。心肌收缩能力降低时 PEP 延长。正常参考值 90.6ms±10.7ms。

（4）射血前时间（PEP）/左室射血时间（LVET）比值　PEP/LVET 比值是判断左室功能最敏感、最重要的指标，其与心血管造影时测得的射血分数（EF）有显著相关性。正常参考值为 0.300±0.055。PEP/LVET > 0.4，提示左心功能减退。

（5）射血分数（EF）　EF 代表左室做功的效率。

【注意事项】

1. 仪器应妥善接地，以确保受试者的安全。

2. 测试环境应保持温度适宜，避免肌肉颤动影响记录心电图结果；同时保持环境安静，以免影响心音图记录。

【思考与练习】

1. 老年人的 $Q-S_2$ 明显延长；16 ～ 20 时测得的 LVET 和 $Q-S_2$ 缩短；直立位测得的 PEP 延长，LVET 缩短；运动时测得的 $Q-S_2$、LVET 和 PEP 都缩短。试分析其原因。

2. 若心血管系统中的 α 受体兴奋，对 PEP、LVET 和 $Q-S_2$ 有何影响？

实验二十六　人体动脉脉搏描记▷▷▷▷

【实验目的】

1. 学习人体指端容积脉搏图的描记方法。
2. 了解脉搏图形及其与心电图的关系。

【实验原理】

在每一个心动周期中，随着心脏的收缩和舒张，动脉内的压力发生周期性波动，从而引起动脉血管壁产生搏动，称为动脉脉搏。通过压力传感装置将这种动脉搏动描记下来，就是压力脉搏图。除压力变化外，心动周期中所伴随的血流量变化可引起外周小动脉容积的改变，将这种容积变化描记下来，就是容积脉搏图。可用光电容积换能器从指端描记容积脉搏图。正常指端容积脉搏图包括升支和降支两个部分。升支较陡，历时较短，很快上升到波峰，反映了心室快速射血期，此时检查部位动脉流入量较流出量多。降支坡度较升支小，反映心室减慢射血期及舒张期检查部位的血流量情况。降支中部可见降中峡 c 和降中波 d。（图 26-1）。

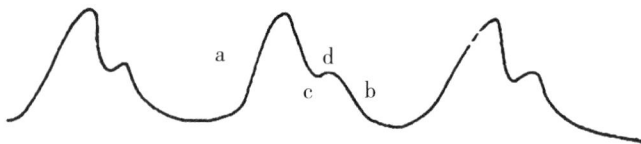

图 26-1　指端容积脉搏图

a 为上升支，b 为下降支，c 为降中峡，d 为降中波

【实验对象】

人。

【实验用品】

光电容积换能器、心电电极、诊察床、冰袋、针灸针、BL-420F 生物机能实验系统、导电糊或生理盐水。

【实验步骤】

1.连接实验装置 将光电容积换能器和心电电极与 BL-420F 生物机能实验系统相连接。

2.连接导联及光电容积换能器 室温保持在 20℃。受试者静卧于诊察床上，双手与心脏平面等高，按照心电图标准Ⅱ导联的连接方法，将 3 个心电电极固定在右手、左足和右足上。将食指或中指伸进光电容积换能器的指套内，指腹朝上，使光源对准甲床根部，并以黑布包绕固定。

3.调节仪器参数 打开控制描笔的开关，调节两只描笔的位置。将前置放大器的时间常数置 DC 位，描记脉搏的滤波 100Hz，描记心电的滤波 1kHz。放大倍数 1mV/cm。

4.观察项目

（1）打开测量开关，描笔偏转。示波器置 AC，扫描速度 0.1s/cm。观察脉搏图与心电图。

（2）当示波器上的图形稳定时，按下 25mm/s 纸速开关，记录 10 个心动周期。

（3）将纸速开关改至 10mm/s，观察与描记测试手臂上举下垂的脉搏图。

（4）观察和记录寒冷（用冰袋刺激手臂）、疼痛（针刺对侧手臂）及精神活动（心算）等情况下的脉搏图。

实验操作步骤见图 26-2。

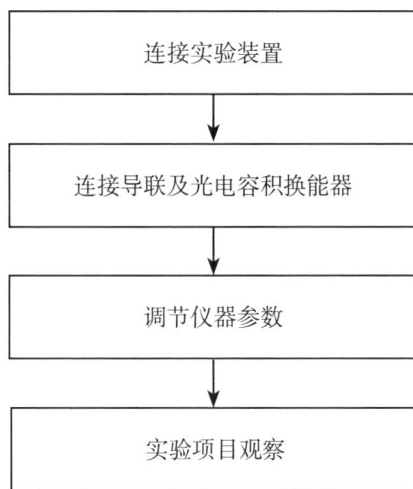

图 26-2 人体动脉脉搏描记实验操作步骤图

【注意事项】

1.仪器应妥善接地，确保安全。

2.去除受试者身上的金属物品，避免干扰脉搏和心电。

【思考与练习】

1. 试分析动脉脉搏图的组成及其意义。
2. 寒冷、疼痛及精神活动对脉搏图有何影响?

实验二十七　人体肺容量和肺通气量的测定 ▷▷▷▷

【实验目的】

1. 了解肺量计的构成及使用方法。
2. 学习用肺量计测定人体肺容量和肺通气量的方法。

【实验原理】

肺的主要功能是进行气体交换。其中肺内气体与外界气体交换的情况如何，可通过测定肺容量和肺通气量来衡量。

肺容量是指肺容纳的气体量，是肺容积中两项或两项以上相加的气量。肺通气量是指单位时间内进出肺的气体量。与肺容量相比，肺通气量能更好地反映肺通气功能。

【实验对象】

人。

【实验用品】

肺量计、呼吸吹嘴、鼻夹、墨水、盛冷开水的塑料盒、氧气、75%酒精棉球、钠石灰。

【实验步骤】

1. 肺量计的构成及使用方法　肺量计主要由一对套在一起的圆筒所组成：外筒是装清水的水槽，槽底有排水阀门可以放水，水槽中央有进气管，管的上端露出水面，管下端有通向槽外的三通阀门，呼吸的气体即经此出入。内筒为倒置于水槽中的浮筒，可随呼吸气体的进出而升降。肺量计顶部有进气接头，可由此向筒内充入气体；浮筒容量为6～8L，一般为铝制，重量较轻；筒顶连有细钢丝绳，通过滑轮架在另一端悬一平衡锤，锤的重量恰能与浮筒的重量相平衡。当三通阀门开放时，呼吸的气体可经通气管进出肺量计，浮筒即随之上下移动，根据浮筒的升降从刻度标尺上可读出气体容量，并由描笔记录在专用记录纸上。专用记录纸上印有表示容积的直格和表示走纸速度的横格，一般一小直格为100mL，一横格为25mm/s（图27-1）。

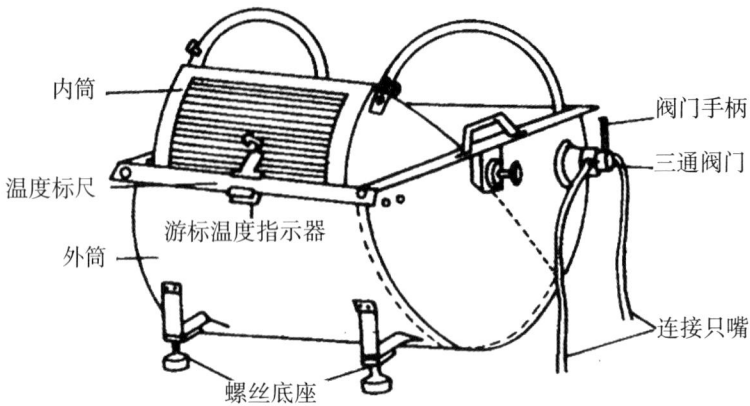

图 27-1　回转式肺量计

2. 实验准备

（1）将仪器水平放置，支架插入支架座内，细钢丝经滑轮与浮筒顶部的调节螺帽固定。

（2）调节水平调节盘，使肺量计的内筒、外筒不相接触，能自由升降。

（3）肺量计内装入适量清水，调整调节螺帽，使肺量计不充气时记录笔尖处于零位。

（4）在肺量计的 CO_2 吸收器中装入钠石灰。

（5）打开肺量计的进气接头，使筒内充满空气（或氧气）4～5L，然后关闭接头。

（6）装好记录纸，记录笔中灌足墨水，并与记录纸接触，整机接上电源。

（7）受试者闭目静立（或坐），口中衔好用 75% 酒精棉球消毒过的橡皮吹嘴，并用鼻夹夹鼻，练习用口呼吸 2～3min。

3. 观察项目　打开电源开关和记录开关，用 50mm/min（每 30s 走 1 横格）的走纸速度描记呼吸曲线。

（1）**潮气量**　平静呼吸时每次吸入或呼出的气量称为潮气量（TV）。平静呼吸时，潮气量为 400～600mL，平均 500mL。进行测量时，不要用力呼吸。受试者静坐（或静立），平静呼吸，描记正常呼吸曲线 30s，计算 5 次吸入或呼出气量的平均值。

（2）**补吸气量**　平静吸气末，再尽力吸入的气量称为补吸气量（IRV），也称吸气储备量。正常成年人为 1500～2000mL。正常呼吸 2～3 次后尽量深吸气，接着呼入肺量计内，只是到肋骨复位的正常呼气，不要用力，记录其气量并重复 3 次。用测量所得出的数字减去潮气量即为补吸气量，然后计算平均补吸气量。

（3）**补呼气量**　平静呼气末，再尽力呼出的气量称为补呼气量（ERV），也称呼气储备量。正常成年人为 900～1200mL。正常呼吸 2～3 次后用力呼气。重复 3 次，计算平均补呼气量。

（4）**肺活量**　肺活量（VC）是指在最大吸气后，用力呼气所能呼出的气量。它是潮气量、补吸气量和补呼气量三者之和。正常成年男性约为 3500mL，女性约为

2500mL。肺活量可反映一次呼吸的最大通气量。平静呼吸数次后，受试者尽力做最大吸气后，随即做最大限度的呼气，所呼出的气量即为肺活量。重复 3 次，取最大一次的肺活量记录。见图 27-2。

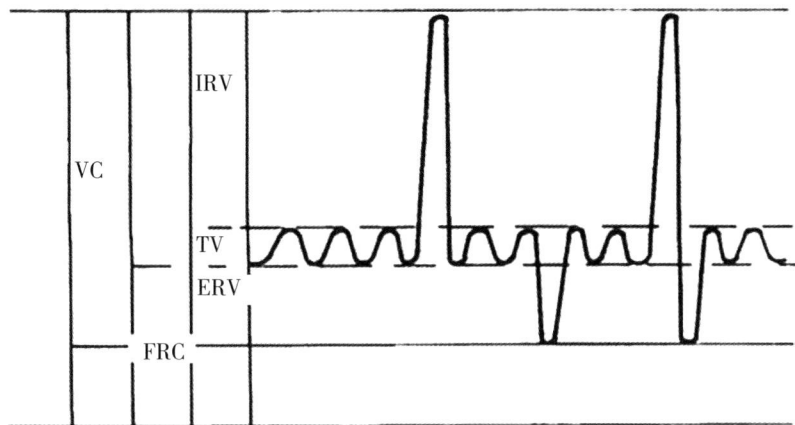

图 27-2　肺活量组成

TV 为潮气量，IRV 为补吸气量，ERV 为补呼气量，VC 为肺活量，FRC 为功能残气量

（5）时间肺活量　时间肺活量（TVC）又称用力呼气量（FEV），用以测定一定时间内所能呼出的气量。测定时受试者平静呼吸数次后，做最大限度的吸气，在吸气末屏气 1～2s，同时改为 25mm/s 走纸速度描记，然后让受试者以最快速度用力深呼气，直至不能再呼气为止。从记录纸上读出呼气第 1s、第 2s 和第 3s 末所呼出的气量，分别计算第 1s、2s、3s 末所呼出的气体量（分别用 FEV_1、FEV_2、FEV_3 表示）占肺活量的百分数（分别用 $FEV_1\%$、$FEV_2\%$、$FEV_3\%$ 表示）。正常成年人 $FEV_1\%$ 约为 83%，$FEV_2\%$ 约为 96%，$FEV_3\%$ 约为 99%，即为时间肺活量。

（6）每分通气量　每分通气量是指每分钟呼出或吸入的气体量。

每分通气量＝潮气量 × 呼吸频率

（7）最大随意通气量　受试者站立，先进行平静呼吸数次后，按主试者口令，在 15s 内尽力做最深最快呼吸，用 50mm/min 的走纸速度描记呼吸曲线，15s 内吸入或呼出的总气量 ×4 即为最大随意通气量。

（8）通气贮量百分比　根据受试者的每分通气量和最大通气量，按下列公式计算：

$$通气贮量百分比（\%）=\frac{最大通气量-每分通气量}{最大通气量} \times 100\%$$

实验操作步骤见图 27-3。

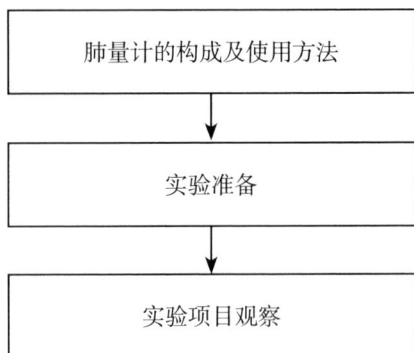

图 27-3　人体肺容量和肺通气量的测定实验操作步骤图

【注意事项】

1. 测试环境应保持安静。

2. 实验前 4h 将肺量计中的水灌足，且水温应与室温一致。

3. 呼吸吹管、呼吸滤网均为一次性使用。

4. 为确保测试成功，每次测定前被测者都应练习几次。在测定过程中受试者不应看着描笔呼吸，以防止影响实验结果。

5. 若钠石灰变为黄色，则不宜使用。

6. 测定过程中应防止从鼻孔或口角漏气，以免影响测定结果。

7. 在做时间肺活量测定时，受试者在做深吸气后，一定要屏气；主试者要在屏气开始后及时提高走纸的速度。

【思考与练习】

1. 何谓肺活量、时间肺活量？各有何临床意义？

2. 为什么测定潮气量要取平均值，而测定肺活量取最大值？

3. 测定最大随意通气量和通气贮量百分比各有何意义？测定最大随意通气量时，为什么只进行 15s 深呼吸而不是 1min？

实验二十八　小鼠能量代谢的测定 ▷▷▷▷

【实验目的】

1. 学习间接测量能量代谢的方法。
2. 了解甲状腺激素对基础代谢率的影响。

【实验原理】

机体在新陈代谢过程中，一方面不断从周围环境摄取营养物质以合成体内新的物质，贮存能量；另一方面也不断分解自身原有物质，释放能量，供给机体各种生命活动的需要。通常把生物体内物质代谢过程中伴随的能量释放、转移、贮存和利用，称为能量代谢。通过测量机体消耗一定量的氧气所需的时间，测出每小时的氧耗量，从而计算出能量代谢。甲状腺激素能明显促进机体许多组织细胞中的氧化分解过程，增加机体的耗氧量和产热量，使机体基础代谢率显著增高。

【实验对象】

小鼠。

【实验用品】

广口瓶、橡皮塞、玻璃管、橡皮管、弹簧夹、水检压计、10mL 注射器、计时器、甲状腺激素、钠石灰、液体石蜡、氧气。

【实验步骤】

1. 实验准备　实验前 4d，将实验用小鼠（2n 只）按性别、体重均匀地分为两组：对照组（n 只）和实验组（n 只）。实验组的小鼠每天饲喂甲状腺激素两次，每次 20mg，共 3d。以同样的方法给对照组的小鼠饲喂与甲状腺激素等量的饲料。实验前一天动物应禁食、禁水 12 ~ 24h。

2. 连接实验仪器装置　用打孔器在广口瓶塞上打两个孔，插入相应口径的玻璃管，玻璃管连接橡皮管，再分别连接注射器和水检压计。用液体石蜡密封可能漏气的接口处，使该装置连接严密而不漏气（在注射器内也应涂抹少量液体石蜡，以防止漏气）。

检压计内的水柱染成红色。注射器内装 10mL 纯氧。见图 28-1。

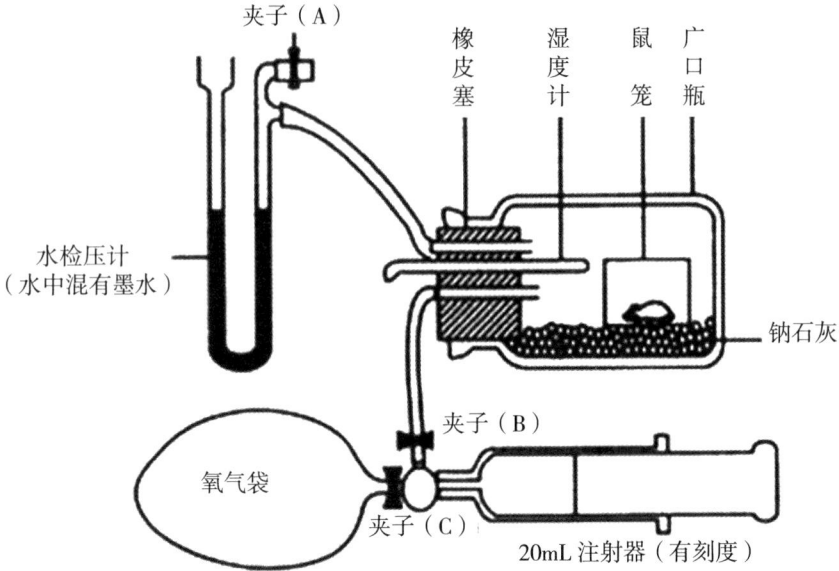

图 28-1 小鼠能量代谢实验装置

3. 测定消耗 10mL 氧所需要的时间 将一只小鼠放入广口瓶内，盖紧广口瓶瓶塞。待小鼠安静后，夹闭 C 夹，同时打开 B 夹，将注射器筒芯向前推进 2～3mL 时，开始计时。此时可见水检压计与大气相通侧液面上升。待液面回降至原水平时，再将注射器筒芯推进 2～3mL，如此重复，直至共推入 10mL 氧为止。待水检压计两边的水柱液面回降到原水平时，记下全程时间，即为消耗 10mL 氧所需要的时间 T（min）。

4. 计算能量代谢率

$$能量代谢率 = \frac{每分钟产热总量 \times 60}{体表面积（m^2）} = \frac{4.825 \times 4.1840 \times 0.01 \div T \times 60}{0.0913 \times 体重}$$

$$= 132.67 \times \frac{T}{体重}（\frac{kJ/h}{m^2}）$$

（小鼠体表面积的计算公式：$m^2 = 0.0913 \times$ 体重；假定小鼠呼吸商为 0.82，每消耗 1L 氧所产生的热量为 $4.825 \times 4.1840kJ$。）

5. 实验结果处理 本实验中对照组能量代谢率为 X_2，实验组能量代谢率为 X_1。将 X_2 和 X_1 对应列表，用 t 检验法进行统计学处理，计算 t 值。

t 值公式如下：

$$t = \frac{\overline{X_1} - \overline{X_2}}{\sqrt{\dfrac{\sum (X_1 - \overline{X_1})^2 + \sum (X_2 - \overline{X_2})^2}{n(n-1)}}}$$

其中：X_1 为对照组的能量代谢率；X_2 为实验组的能量代谢率；$\overline{X_1}$ 为对照组的平均能量代谢率；$\overline{X_2}$ 为实验组的平均能量代谢率；n 为每组的动物数。

表 28-1　几组常用 t 值表

n	$P_{0.05}$	$P_{0.01}$
2	6.314	31.821
5	2.132	3.747
10	1.833	2.821
15	1.761	2.624
20	1.729	2.539

查 t 值表（图 28-1），求 P 值。如 $n=20$，计算的 t 值为：$t=1.523$，$t<P_{0.05}$，则 $P>0.05$；$t=2.130$，$P_{0.05}<t<P_{0.01}$，则 $0.01<P<0.05$；$t=6.268$，$t<P_{0.05}$，$t>P_{0.01}$，则 $P<0.01$。统计学中，$P>0.05$，表示两组结果无显著性差异；$0.01<P<0.05$，表示两组结果有显著性差异；$P<0.01$，表示两组结果有极显著差异。

实验操作步骤见图 28-2。

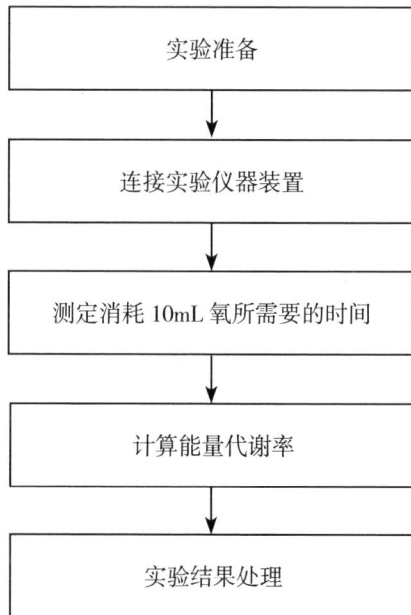

图 28-2　小鼠能量代谢的测定实验步骤图

【注意事项】

1. 钠石灰要新鲜干燥。

2. 实验开始前，要预先检查实验装置是否漏气。

3. 尽量减少对动物的刺激，使动物保持安静。

【思考与练习】

1. 何谓能量代谢？影响能量代谢的因素有哪些？

2. 甲状腺激素如何影响能量代谢率？

实验二十九　肾上腺摘除动物的观察 ▷▷▷▷

【实验目的】

1. 学习摘除动物肾上腺的实验方法。
2. 通过观察肾上腺摘除动物，掌握肾上腺功能。
3. 了解肾上腺皮质激素对动物应激能力的影响。

【实验原理】

肾上腺由中央部的肾上腺髓质和周围部的肾上腺皮质组成。二者在发生、结构和功能上均不相同，两个部分是两种内分泌腺。肾上腺皮质分泌的激素是维持生命所必需的，可分为三类，即盐皮质激素、糖皮质激素和性激素。肾上腺髓质的内分泌功能是通过嗜铬细胞分泌去甲肾上腺素和肾上腺素而实现的。动物摘除肾上腺后，肾上腺皮质激素降低，引起糖、蛋白质、脂肪代谢紊乱，应激能力降低，对寒冷等有害刺激的耐受力降低；盐皮质激素降低，水盐代谢紊乱，动物最终因循环衰竭而死亡。

【实验对象】

小鼠。

【实验用品】

哺乳类动物手术器械一套、蛙板、500mL 烧杯、秒表、内盛 $4 \sim 5℃$ 冷水的水槽、天平、棉球、生理盐水、75% 酒精、乙醚。

【实验步骤】

1. 实验小鼠分组　选择成熟、健康、体重相近（30g 左右）的小鼠 20 只，分别称重编号后分为对照组和实验组，每组各 10 只，雌雄数量各半。

2. 肾上腺切除术　取实验组小鼠置于倒置的大烧杯中，投入一小团浸有乙醚的棉球进行麻醉，麻醉后将小鼠俯卧位固定于蛙板上，除去背部的毛，将手术部位和手术者的手用 75% 酒精进行消毒，手术器械提前用 75% 酒精浸泡 10min。在小鼠背部胸腰椎交界处正中线向头的方向用剪刀剪开至第 10 胸椎水平。用镊子夹住创口皮肤，将切口牵向左侧，再用小剪刀或蚊式止血钳轻轻分离肌层。在左肋弓下缘中线旁开0.5cm处做一长约1cm的斜向切口，用镊子撑开此肌层切口，并以小镊子夹盐水棉球，轻轻推开腹腔内的脏器组织，在肾的上方找到被脂肪组织包裹的淡黄色绿豆大小的肾上腺。用止血钳紧紧夹住肾上腺与肾之间的血管和组织，再用眼科剪或小镊子将肾上腺摘除。夹住血管断端的止血钳仍应再夹片刻才松开以止血。将背部正中线切口牵向右侧，再按上述方法摘除右侧肾上腺。手术完毕后，依次用细线缝合肌层和皮肤切口，并用75%酒精消毒皮肤缝合口。对照组小鼠也应进行与实验组相同的手术创伤，但不摘除肾上腺。

3. 术后小鼠饲养　术后两组动物在相同条件下饲养1周，室温应尽量保持在20～25℃，喂以高热量和高蛋白饲料，饮水供应充分。

4. 观察记录存活率和体重　小鼠经上述手术后饲养1周，于第8d分别统计两组小鼠的存活率，并将存活的小鼠分别称体重。比较实验组与对照组的存活率和体重增减的差异。

5. 观察禁食2d对摘除肾上腺小鼠的活动姿态及肌肉紧张度的影响　对术后饲养1周仍存活的小鼠从第8d起停止喂食，只供应清水，第10d分别从实验组和对照组各取小鼠2只，置于实验桌上，观察比较它们经过2d禁食后活动姿态及肌肉紧张度等方面的不同。

6. 观察摘除肾上腺对小鼠游泳运动的影响　将禁食2d的两组小鼠各取3只投入盛有4～5℃冷水的水槽中，并按动秒表记录各组小鼠在水中的游泳时间，直至该组小鼠全部溺水下沉时止。比较两组小鼠游泳运动时间。

7. 观察摘除肾上腺小鼠溺水后恢复情况　将溺水下沉的小鼠及时捞起后，分别观察记录两组小鼠恢复活动的时间和活动情况，并进行比较。

实验操作步骤参见图29-1。

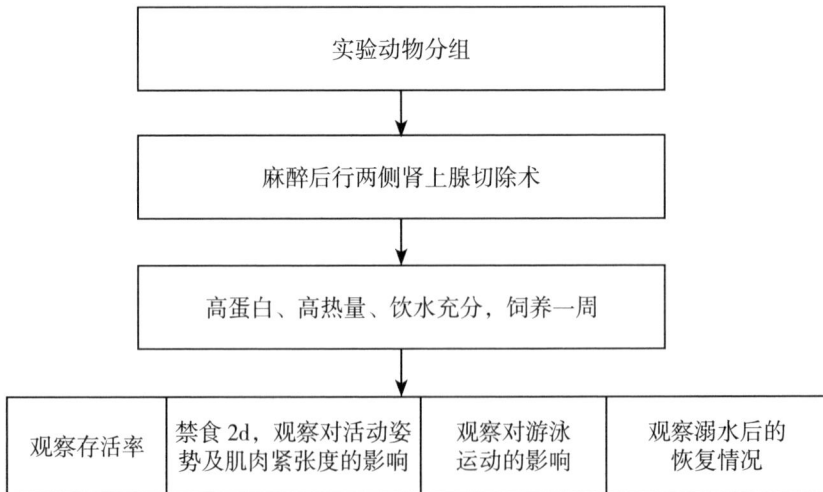

图29-1　肾上腺摘除动物的观察实验步骤图

【注意事项】

1.保持实验组和对照组小鼠饲养的自然环境相同。

2.进行肾上腺摘除术时动作要轻柔，尽量减少出血。

3.各组动物分别编号，避免混淆。

4.术后的小鼠尽可能分笼单独饲养，以免其互相撕咬致死。

【思考与练习】

1.肾上腺皮质和髓质的功能有何不同？

2.如果只摘除小鼠的肾上腺髓质而保留皮质，其对寒冷刺激的耐受力如何？为什么？

3.结合本次实验结果，推断肾上腺有何生理功能？

实验三十　反射弧分析 ▷▷▷▷

【实验目的】

1.通过实验分析反射弧的组成。
2.探索反射弧的完整性与反射活动的关系。

【实验原理】

　　神经调节是机体最主要的调节方式，它是通过反射活动来实现的。反射是指在中枢神经系统的参与下，机体对内、外环境变化所做出的有规律的反应。反射活动必须经过反射弧来完成，反射弧是反射活动的结构基础，它由感受器、传入神经、反射中枢、传出神经及效应器五个部分组成（图30-1）。反射弧的完整是反射活动进行的必要条件，反射弧的五个部分缺一不可，如果其中任何一个部分被破坏或缺损，反射活动则不能完成。

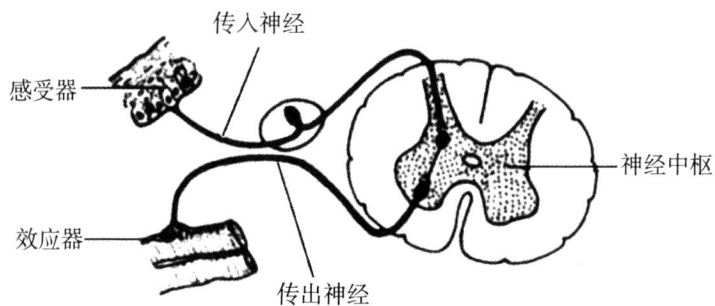

图30-1　反射弧模式图

【实验对象】

蟾蜍或蛙。

【实验用品】

蛙类手术器械一套、铁架台（带双凹夹）、肌夹、培养皿、烧杯、刺激线、电刺激器、棉球、纱布、任氏液、1%硫酸溶液。

【实验步骤】

1. 制备脊蛙　取蟾蜍或蛙一只，用剪刀由两侧口裂剪去颅脑部，保留下颌部分，以棉球压迫创口止血，然后用肌夹夹住下颌，悬挂在铁架台上。此外，也可用金属探针由枕骨大孔刺入颅腔捣毁脑组织，用一小棉球塞入创口止血（图 30-2）。

图 30-2　悬挂脊蛙

2. 观察反射弧的完整性与反射活动的关系

（1）观察屈肌反射　用培养皿盛 1% 硫酸溶液，将蛙左侧后肢的脚趾尖浸于硫酸溶液中，观察屈肌反射有无发生。然后用烧杯盛自来水洗去皮肤上的硫酸溶液，并用纱布擦干。

（2）剥除脚趾尖皮肤观察屈肌反射　围绕左侧后肢在趾关节处皮肤做一环状切口，将脚趾皮肤剥掉，重复步骤 1 并观察屈肌反射有无发生。

（3）刺激左侧脚趾尖　以硫酸溶液刺激左侧尚未剥掉皮肤的脚趾尖，观察蛙的反应。

（4）刺激右侧脚趾尖　按步骤 1 的方法，将蛙右侧后肢的脚趾尖浸于硫酸溶液中，观察屈肌反射有无发生。

（5）剪断右侧坐骨神经　在右侧大腿剪开皮肤，用玻璃分针在股二头肌和半膜肌之间分离坐骨神经，在坐骨神经上做两个结扎，在两个结扎之间剪断神经，并重复实验步骤 4，观察蛙的反应。

（6）电刺激坐骨神经中枢端和外周端　把蛙俯卧位固定在蛙板上，以适当强度连续电刺激右侧坐骨神经的中枢端和外周端，观察蛙的反应。

（7）捣毁脊髓　以金属探针破坏蛙的脊髓，再刺激右侧坐骨神经的中枢端，观察蛙的反应。

（8）刺激腓肠肌 在右侧小腿剪开皮肤，分离腓肠肌，连续电刺激腓肠肌，观察其反应。

实验操作步骤见图 30-3。

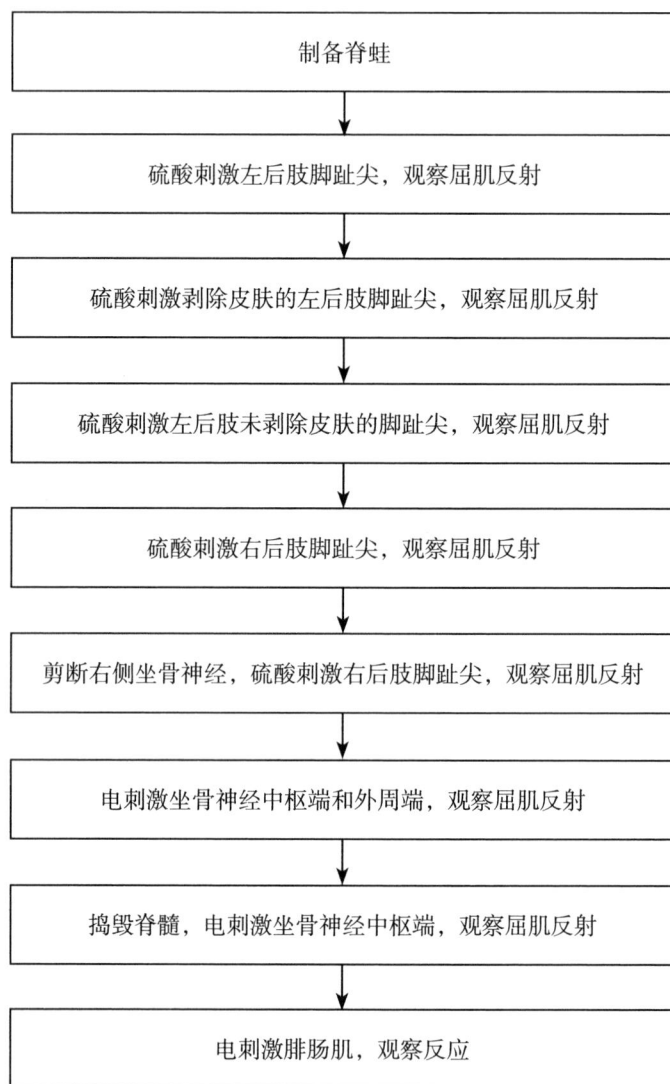

```
┌─────────────────────────────────────────────┐
│                制备脊蛙                       │
└─────────────────────────────────────────────┘
                      ↓
┌─────────────────────────────────────────────┐
│        硫酸刺激左后肢脚趾尖，观察屈肌反射       │
└─────────────────────────────────────────────┘
                      ↓
┌─────────────────────────────────────────────┐
│    硫酸刺激剥除皮肤的左后肢脚趾尖，观察屈肌反射  │
└─────────────────────────────────────────────┘
                      ↓
┌─────────────────────────────────────────────┐
│   硫酸刺激左后肢未剥除皮肤的脚趾尖，观察屈肌反射 │
└─────────────────────────────────────────────┘
                      ↓
┌─────────────────────────────────────────────┐
│        硫酸刺激右后肢脚趾尖，观察屈肌反射       │
└─────────────────────────────────────────────┘
                      ↓
┌─────────────────────────────────────────────┐
│  剪断右侧坐骨神经，硫酸刺激右后肢脚趾尖，观察屈肌反射 │
└─────────────────────────────────────────────┘
                      ↓
┌─────────────────────────────────────────────┐
│    电刺激坐骨神经中枢端和外周端，观察屈肌反射    │
└─────────────────────────────────────────────┘
                      ↓
┌─────────────────────────────────────────────┐
│   捣毁脊髓，电刺激坐骨神经中枢端，观察屈肌反射   │
└─────────────────────────────────────────────┘
                      ↓
┌─────────────────────────────────────────────┐
│          电刺激腓肠肌，观察反应               │
└─────────────────────────────────────────────┘
```

图 30-3 反射弧分析实验步骤图

请将观察结果填入表 30-1。

表 30-1　实验结果

项目	反应
1. 刺激左后肢脚趾尖	
2. 刺激剥除左侧脚趾尖皮肤	
3. 刺激左侧尚未剥掉皮肤的脚趾尖	
4. 刺激右侧脚趾尖	
5. 剪断右侧坐骨神经	
6. 电刺激坐骨神经中枢端和外周端	
7. 捣毁脊髓	
8. 刺激腓肠肌	

【注意事项】

1. 剪颅脑部位应适当，太高则部分脑组织保留，可能会出现自主活动，太低则伤及上部脊髓，可能使上肢的反射消失。

2. 破坏脊髓时应完全，以见到两下肢伸直，而后肌肉松软为指标。

3. 硫酸刺激脚趾时，浸入硫酸中的部位应仅限于趾尖部位，每次浸入的范围、时间要相同，趾尖不能与培养皿接触。

4. 每次用硫酸刺激后，应立即用自来水洗去皮肤残存的硫酸，再用纱布擦干，以保护皮肤，并防止再次接受刺激时冲淡硫酸溶液。

5. 剥离脚趾皮肤要干净，以免影响结果。

【思考与练习】

1. 何为屈肌反射？屈肌反射的反射弧包括哪些组成部分？

2. 刺激坐骨神经中枢端和外周端引起的反应有何不同？为什么？

实验三十一　脊髓反射 ▷▷▷

【实验目的】

1. 掌握反射时的概念和影响因素。
2. 学习反射时的测定方法。
3. 了解脊髓反射活动的基本特征。

【实验原理】

在中枢神经系统的参与下，机体对刺激所产生的适应反应过程称为反射。反射活动的结构基础是反射弧。典型的反射弧由感受器、传入神经、神经中枢、传出神经和效应器五个部分组成。引起反射的首要条件是反射弧必须保持完整性。反射弧任何一个环节的解剖结构或生理完整性一旦受到破坏，反射活动就无法实现。

反射时是指刺激感受器到效应器产生反应所需要的时间。将动物的高位中枢切除，仅保留脊髓的动物称为脊动物。利用脊蛙观察脊髓反射，测定反射时。脊髓反射具有总和、后放、扩散、抑制等特征。

【实验对象】

蟾蜍或蛙。

【实验用品】

蛙类手术器械一套、铁架台（带双凹夹）、肌夹、电刺激器两台、刺激电极、秒表、烧杯、滤纸、纱布、0.5% 硫酸溶液、任氏液。

【实验步骤】

1. 制备脊蛙　具体步骤参见实验三十。

2. 观察脊髓反射活动的基本特征

（1）测定反射时　用培养皿盛 0.5% 硫酸溶液，用秒表记录一侧后肢脚趾尖从浸入硫酸溶液到同侧下肢产生屈曲所需的时间。观察后用烧杯盛清水洗净皮肤上的硫酸，并用纱布擦干，重复 3 次（注意每次浸入的部位、时间必须一致），求其平均值即为反射时。

（2）总和

1）空间总和　将两副刺激电极各连接至电刺激器后，找出接近阈值的阈下电刺激强度，当分别进行单个电刺激时均不引起反应。然后将两副刺激电极分别接触蟾蜍同一后肢相互紧靠的两处皮肤，然后以同样的阈下电刺激强度，同时刺激上述两处的皮肤，观察有无反射发生。

2）时间总和　只用一副刺激电极，以上述相同阈下刺激反复刺激同一处皮肤，观察有无反射发生。

（3）后放　用适宜强度的电刺激连续刺激蟾蜍后肢皮肤，在引起蟾蜍的屈肌反射活动后立即停止刺激，观察停止刺激后是否有连续的反射活动发生，并以秒表计算自刺激停止时起到反射动作结束时止所持续的时间。比较强刺激与弱刺激的后放时间有何不同。

（4）扩散　以弱刺激重复刺激蟾蜍的前肢，观察其反应部位。逐渐加大刺激的强度，观察在强刺激下其反应部位有无变化。

（5）抑制　按照步骤1的方法测定反射时后，用止血钳夹住一侧前肢，待动物安静后，再重复测定该侧后肢的反射时，观察反射时有无延长。

（6）搔爬反射　将硫酸溶液浸润的一小块滤纸贴在脊蛙腹部下段皮肤上，可见四肢均向此处搔爬，直到除掉滤纸片为止。

实验操作步骤见图31-1。

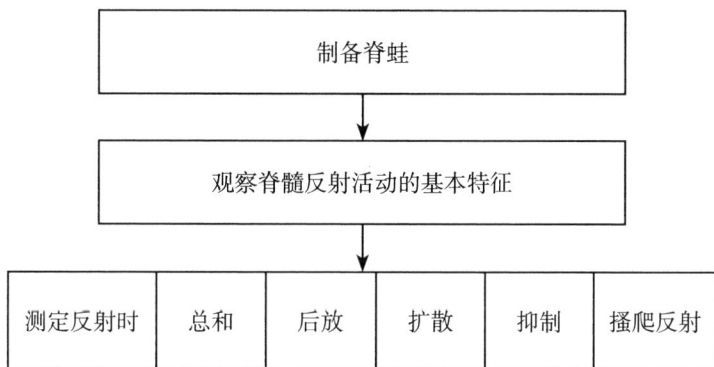

图 31-1　脊髓反射实验步骤图

【注意事项】

1.剪掉蟾蜍的颅脑或捣毁脑组织时，防止其蟾酥向人喷射。

2.测定反射时的时候，每次浸入硫酸的脚趾尖范围应该相同，每次测定后及时用清水洗净并擦干。

【思考与练习】

1. 屈肌反射和搔爬反射有何生理意义？

2. 何谓反射时？影响反射时长短的主要因素有哪些？

3. 以突触传递、中枢神经元之间联系方式和中枢抑制等理论知识，解释脊髓反射的总和、后放、扩散、抑制等现象的机制。

实验三十二　破坏动物一侧小脑的观察 ▷▷▷

【实验目的】

通过观察小白鼠一侧小脑破坏后肌紧张失调和平衡功能障碍的现象，掌握小脑对躯体运动的调节功能。

【实验原理】

小脑是中枢神经系统中最大的与运动有关的结构，对维持身体平衡、调节肌紧张、协调随意运动均有重要作用。依据小脑的传入、传出纤维联系，可将小脑分为前庭小脑、脊髓小脑与皮层小脑三个功能部分。

前庭小脑调节身体的平衡。绒球小结叶出现病变或损伤，可导致躯体平衡功能障碍。

脊髓小脑参与调节肌紧张和随意运动的协调。若小脑后叶中间带受到损伤，可出现随意运动协调障碍，称为小脑性共济失调。表现为随意运动的力量、方向及限度等发生紊乱，动作摇摆不定，指物不准，不能进行快速的交替运动；同时，还可出现动作性或意向性震颤。

皮层小脑参与调节精巧运动。若皮层小脑损伤，患者不能完成精巧运动，如打字、乐器演奏等。

【实验对象】

小鼠。

【实验用品】

哺乳动物手术器械一套、鼠手术台、9 号注射针头或探针、200mL 烧杯、眼科剪、眼科镊子、干棉球、纱布、乙醚。

【实验步骤】

1. 麻醉　取小鼠一只放于实验台上观察其正常运动情况，然后将小鼠罩于烧杯内，然后放入一团浸透乙醚的棉球，待其麻醉后将其取出。

2. 手术　将小鼠俯卧于鼠手术台上，剪去颅顶部的毛，沿头颅正中线剪开头皮，直达耳后部。将头部固定，用手术刀背剥离颈肌，暴露顶间骨，通过透明的颅骨可看到顶间骨下方的小脑，在顶间骨一侧的正中，用9号注射针头或探针垂直刺入深约3mm，搅动破坏一侧小脑后拔出针头，用棉球压迫止血（图32-1）。

图 32-1　破坏小脑位置示意图

3. 观察　待小鼠清醒后观察其运动情况，注意观察其姿势是否平衡，活动有何异常。

实验操作步骤见图 32-2。

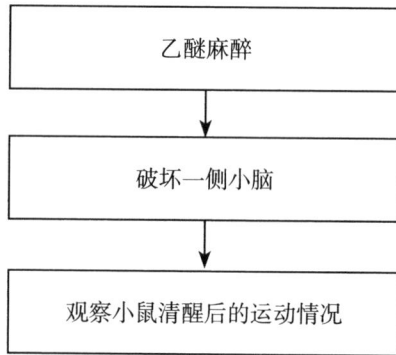

图 32-2　破坏动物一侧小脑的观察实验步骤图

【注意事项】

1.麻醉不可过深，麻醉观察中注意观察小鼠的呼吸，以防小鼠死亡。
2.捣毁小脑时垂直进针，深浅适宜，过深伤及中脑、延髓等，过浅无破坏作用。

【思考与练习】

1.破坏动物一侧小脑为什么会出现上述变化？
2.小脑分为哪几部分？各有何生理功能？

实验三十三　家兔大脑皮层运动的功能定位 ▷▷▷▷

【实验目的】

1. 学习哺乳动物的开颅手术方法。
2. 了解大脑皮层运动区对骨骼肌运动调节的定位关系。

【实验原理】

动物和人的躯体运动均受大脑皮层支配。大脑皮层中央前回（4区）和运动前区（6区）是控制躯体运动最重要的区域，称为主要运动区。主要运动区有下列功能特征：①交叉性支配：即一侧皮层主要运动区支配对侧躯体的运动，但头面部肌肉的运动，除少数肌肉外，接受双侧主要运动区的支配。②精细的功能定位：即皮层的一定区域支配一定部位的肌肉运动，躯体各部分在皮层主要运动区的定位安排呈倒置分布，即下肢代表区在顶部，上肢代表区在中间部，头面部肌肉代表区在底部；但头面部内部的安排是正立的。③功能代表区的大小与运动的精细、复杂程度有关：即运动越精细、复杂，皮层相应运动区面积越大。电刺激家兔大脑皮层的某一部位时，可见到躯体的相应部位发生运动反应，将刺激点与发生运动反应的躯体部位对应，便可大致了解兔大脑皮层运动区的功能定位。

【实验对象】

家兔。

【实验用品】

哺乳动物手术器械一套、颅骨钻、咬骨钳、吸收性明胶海绵、纱布、气管插管、丝线、电刺激器、同心刺激电极、生理盐水、20%氨基甲酸乙酯溶液、骨蜡、液体石蜡。

【实验步骤】

1. 麻醉　用20%氨基甲酸乙酯溶液对家兔进行麻醉。
2. 手术
（1）颈部手术　将家兔背位固定于手术台上，剪去颈部的毛，沿颈部正中线切开皮肤，钝性分离皮下组织及肌肉，暴露气管并插气管插管。

（2）头部手术　将家兔转为俯卧位固定于手术台上，剪去头部的毛，沿颅顶正中线将头皮纵向切开，用刀柄刮去骨膜，暴露头顶的骨缝标志，选择冠状缝后缘，矢状缝旁 1cm 处用颅骨钻钻孔，用小咬骨钳扩大创口，暴露大脑皮层，将温热（39～40℃）的液体石蜡滴在暴露的皮层上，以防皮层干燥。手术完毕后即放松动物的四肢，以便观察。

3. 观察

（1）绘制家兔大脑皮层轮廓图备用（图 33-1）。

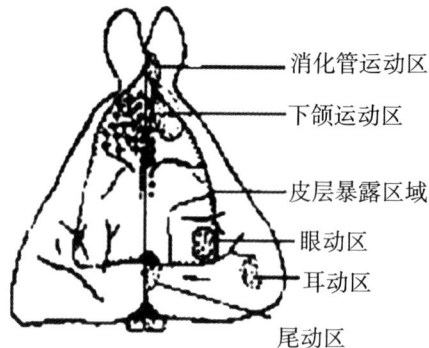

图 33-1　家兔大脑皮层的刺激效应

（2）将刺激电极的连线与电刺激器相连，参考电极放于家兔的背部，剪去此处的毛并用少许生理盐水湿润以便接触良好。将同心刺激电极安放在皮层运动区的不同部位，用适当强度的连续电脉冲（刺激参数：波宽 0.1～0.2ms，频率 20～50Hz，强度 10～20V）进行刺激，观察当皮层不同部位受到刺激时，引起的肢体和头面部运动的情况，并将观察的结果标记在大脑皮层轮廓图上。

（3）在另一侧大脑皮层重复上述实验。

实验操作步骤见图 33-2。

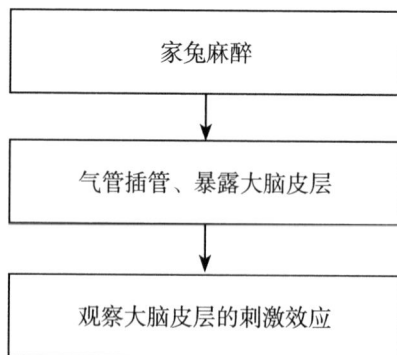

图 33-2　家兔大脑皮层运动的功能定位实验步骤图

【注意事项】

1. 动物麻醉既不宜过深，也不宜过浅，呈中等麻醉状态。
2. 钻孔时注意不要伤及矢状缝，以免大出血。
3. 咬骨时切勿损伤硬脑膜并注意随时止血。

【思考与练习】

1. 人和动物的大脑皮层运动区包括哪些？主要运动区包括哪些？
2. 主要运动区有哪些功能特征？
3. 大脑皮层引起骨骼肌收缩的神经路径是什么？

实验三十四　去大脑僵直 ▷▷▷▷

【实验目的】

制作去大脑僵直动物，观察中脑网状结构对肌紧张的影响，证明中枢神经系统对躯体运动的调节作用。

【实验原理】

脑干网状结构存在加强肌紧张的易化区和抑制肌紧张的抑制区。这些区域可调节肌紧张，使骨骼肌保持适当的紧张度以维持姿势并协调躯体运动。在中脑上、下丘之间切断脑干，则动物表现为全身伸肌肌紧张过度增强，头尾昂起、四肢伸直、脊柱硬挺等表现，称为去大脑僵直。

【实验对象】

家兔。

【实验用品】

哺乳动物手术器械一套、颅骨钻、咬骨钳、眼科镊、眼科剪、气管插管、纱布、脱脂棉、手术线、吸收性明胶海绵、骨蜡、液体石蜡、生理盐水、20％氨基甲酸乙酯溶液。

【实验步骤】

1. 麻醉动物　称重后耳缘静脉注射 20％氨基甲酸乙酯溶液麻醉家兔，注射剂量约 5.0mL/kg。

2. 气管插管术　进行气管插管建立呼吸通道。具体操作见实验二。

3. 结扎颈总动脉　分离两侧颈总动脉并分别穿线结扎，避免后续手术出血过多。具体操作见实验二。

4. 脑部手术　将兔转为俯卧位固定，后头顶部备皮，将头皮沿正中矢状线切开，暴露其头骨及颞肌。用手术刀柄将颞肌自上而下剥离，扩大颅骨暴露面，并刮去颅顶骨膜。用颅骨钻在顶骨两侧各钻一孔，用咬骨钳沿钻出的孔朝后咬除颅骨至枕骨结节，暴露出双侧大脑半球的后缘，再用眼科镊夹起硬脑膜，用眼科剪仔细剪除，暴露出大脑皮层。在大脑皮层滴少许液体石蜡以防皮层表面干燥。

5. 脑干横断　松开动物四肢，用手术刀柄从大脑半球后缘与小脑之间伸入，轻轻挑起双侧大脑半球枕叶，找到中脑上下丘（四叠体），用手术刀在上下丘之间向口裂方向插至颅底并向左右滑动，将脑干横断。见图 34-1。

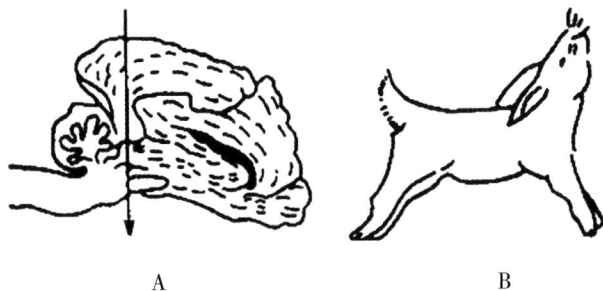

图 34-1　去大脑僵直实验

A 为脑干切断线，B 为兔去大脑僵直现象

6. 去大脑僵直现象观察　将横断脑干后的家兔侧卧位摆放，几分钟后即可见兔躯干和四肢逐渐僵硬伸直，前肢较后肢更明显，头昂起，尾上翘，呈角弓反张状，此即去大脑僵直。

7. 再次切断脑干，观察肌紧张的变化　当动物出现明显的去大脑僵直后，在下丘稍后方再次切断脑干，观察肌紧张的变化。

实验操作参见图 34-2。

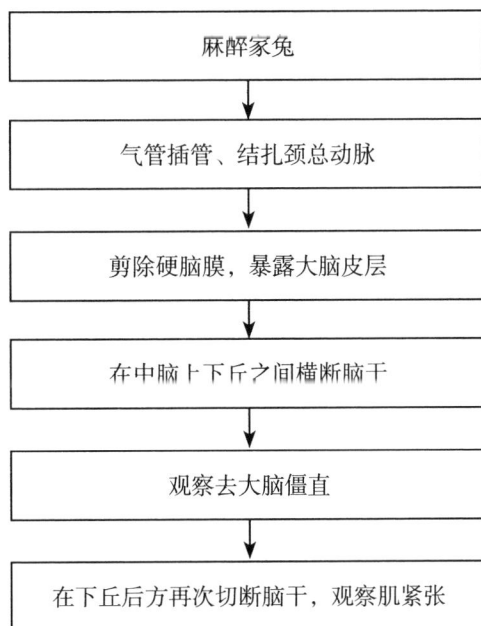

图 34-2　去大脑僵直实验步骤图

【注意事项】

1. 控制麻醉深度，麻醉不宜过深以免去大脑僵直不出现。若术中动物挣扎，可对操作局部进行局部麻醉。

2. 需防止咬骨钳伤及矢状窦而致大出血。当咬骨钳接近颅骨中线和枕骨时应先细心将矢状窦与头骨内壁剥离，再轻轻去除保留的颅骨，并在矢状窦的前后两端分别穿线结扎。

3. 横断脑干几分钟后若僵直仍不明显，可通过轻轻牵拉动物四肢（肢体伸肌传入）、扭动动物颈部（颈肌传入），或使动物仰卧（前庭传入）而促使僵直出现。

4. 切断部位要准确，脑干横断部位过低将伤及延髓而致呼吸停止，过高则不出现去大脑僵直。若横断脑干后 5～10min 仍不出现僵直现象且呼吸平稳，可在原切断面再向下 2mm 处重新再切一次。

【思考与练习】

1. 为什么去大脑僵直的动物会出现角弓反张？

2. 去大脑僵直的机制是什么？

3. 切断动物的脊髓背根，为什么僵直会消失？

实验三十五　人体脑电图描记 ▷▷▷▷

【实验目的】

学习脑电图的记录方法和识别正常脑电图波形。

【实验原理】

皮层神经元在没有受到外来刺激的状态下，也能够自发产生持续的节律性电活动，即自发性脑电。把引导电极放在头皮上，借助脑电图机等实验装置，可将这种自发的脑电记录下来，所得到的图形即脑电图。自发脑电波是一些有规律变化的波形，通常根据其频率和幅度的不同可分为 α 波、β 波、θ 波、δ 波四种，分别代表了不同的生理意义。

【实验对象】

正常成年人。

【实验用品】

脑电图机或 BL-420F 生物机能实验系统（附隔离系统）、屏蔽室、电极帽、氯化银电极、75% 酒精棉球、棉签、磨砂膏、导电膏。

【实验步骤】

1. 连接实验装置。受试者充分休息后坐于舒适的靠背椅上，保持放松和清醒状态，尽量减少肌肉活动。用 75% 酒精棉球擦拭耳垂、额和头顶皮肤，用棉签蘸少许磨砂膏去除相应部位角质后涂导电膏，把两对氯化银电极片分别放置在左右两侧额区和顶区并用电极帽加以固定，再将地线夹在耳垂上。两对电极分别和脑电图机面板上 1 通道和 2 通道输入端口连接，或 BL-420F 生物机能实验系统输入端口连接。

2. 设置实验参数。打开脑电图机，时间常数设为 0.1 ～ 0.3s，高频滤波设为 30 ～ 100Hz，走纸速度设为 1 ～ 3cm/s，记录脑电波。也可启动 BL-420F 生物机能实验系统，点击菜单"实验项目"选择脑电实验，采用默认参数进行实验。

3. 嘱受试者保持清醒、闭目放松，尽量减少肌肉运动，此时脑电主要呈现为 α 波，记录并观察脑电波波形。

4. 嘱受试者睁眼，此时主要呈现 β 波，记录并观察脑电波波形。

5. 嘱受试者保持清醒、闭目放松，不思考问题，记录并观察此时的脑电波。当出现 α 波时，嘱受试者睁眼，观察此时 α 波是否消失。

6. 嘱受试者保持清醒、闭目放松，不思考问题，记录并观察此时的脑电波。当出现 α 波时，给予声音刺激，观察此时 α 波是否减弱或消失。

7. 嘱受试者保持清醒、闭目放松，不思考问题，记录并观察此时的脑电波。当出现 α 波时，要求其心算数学题，观察此时脑电波的变化。

实验操作步骤见图 35-1。

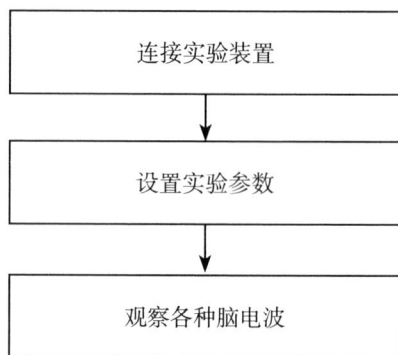

图 35-1　人体脑电图描记实验步骤图

【注意事项】

1. 实验室内应保持安静干燥，室温保持在 20℃左右，并将光线调暗。
2. 受试者应保持清醒、闭目放松，尽量减少肌肉运动以去除肌电干扰。
3. 若安静状态下 α 波不明显，可将电极移至枕部。
4. 电极应与头皮接触良好，保证各电极电阻小于 5KΩ。

【思考与练习】

1. 正常脑电图的基本波形各有何特点？
2. α 波阻断现象说明了什么问题？
3. 脑电图的描记有何临床实用价值？

实验三十六　家兔皮层诱发电位 ▷▷▷▷

【实验目的】

了解哺乳类动物皮层诱发电位的记录方法，识别其波形特征并熟悉其形成原理。

【实验原理】

感觉传入系统在接受刺激时可在大脑皮层特定区域引出波幅较小特征性电位变化，即皮层诱发电位。由于自发性脑电波波幅较大，皮层诱发电位常被淹没在自发脑电波中。因自发脑电波的波幅越低，皮层诱发电位就越清楚，常使用深度麻醉以降低自发脑电波而突出诱发电位。皮层诱发电位有潜伏期恒定和波形恒定的特点，因而可利用计算机生物信号处理系统的叠加平均技术反复叠加平均而加大其波幅，由于自发脑电波（噪音）是随机的，反复叠加后可互相抵消，从而使诱发电位从自发脑电波背景中分离出来。

【实验对象】

家兔。

【实验用品】

哺乳类动物手术器械一套、皮层引导电极（直径 1mm 的银丝，头端呈球形）、保护电极、牙钻或骨钻、咬骨钳、吸收性明胶海绵、气管插管、滴管、棉花、兔手术台、BL-420F 生物机能实验系统、20% 氨基甲酸乙酯溶液、38℃温生理盐水、液体石蜡。

【实验步骤】

1. 麻醉动物　耳缘静脉注射 20% 氨基甲酸乙酯溶液直至动物深度麻醉，以动物呼吸维持在每分钟 20～24 次为宜，因此时的皮层自发脑电波的波幅较小。

2. 气管插管　进行气管插管，建立呼吸通道。具体操作参见实验二。

3. 头部手术　将兔转为俯卧位，固定后头顶部备皮，将头皮沿正中矢状线切开，暴露其颅骨骨缝。用手术刀柄刮去颅顶骨膜。在前囟左侧约 4mm 处用颅骨钻钻一直径为 7～10mm 的小孔（无法确定前囟位置时，可从人字缝向前量 17.5mm 即为前囟），为防止皮质干燥和冷却，可滴少许 38℃液体石蜡。家兔大脑皮层感觉区定位见图 36-1。

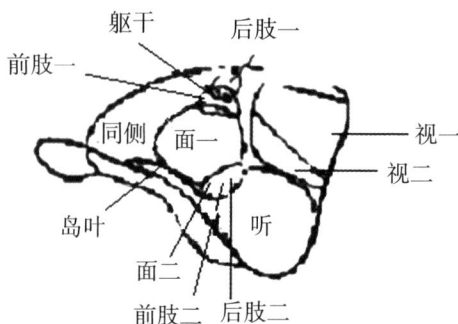

图 36-1　家兔大脑皮层感觉区

4. 安放电极　通过颅顶的小孔将引导电极头端的银球置于皮层表面，参考电极夹在动物头皮边缘，将动物左上肢连接好接地，将刺激电极插入动物右上肢皮下，保持两刺激电极间距离为 5mm。

5. 连接电极　将引导电极尾端与 BL-420F 生物机能实验系统 1 通道输入端口连接，刺激电极与刺激输出端口连接。

6. 参数设置　打开 BL-420F 生物机能实验系统。在"设置"菜单中选择"定标"子菜单，然后选择"调零"，将 1 通道信号线调至显示窗口基线水平后，在实验项目菜单中选择"中枢神经实验"子菜单，然后选择"大脑皮层诱发电位"实验，采用默认参数进入实验。用鼠标左键点击工具条"启动刺激"按钮，给予刺激信号以采集实验数据。如波形不理想，可适当调节实验参数。

7. 记录脑电波形　如果自发脑电波电位较大，表示麻醉深度不够，可适当追加麻醉剂，但需小心不要超过规定量的 10% 以免动物死亡。

8. 分析皮层诱发电位　叠加平均脑电数据后，可在刺激伪迹之后观察到一系列稳定的电位变化，主要包括主反应和后发放两部分。主反应潜伏期为 5 ～ 12ms，为先正后负的电位变化，其发生机制是大脑皮层锥体细胞产生的综合电位变化，后发放是主反应之后的一系列正相的周期性电位波动，是皮层与丘脑感觉接替核之间神经环路活动的结果。如果在记录过程中电位很小，可逐点探测，寻找诱发电位幅度最大且恒定的区域，记录结果见图 36-2。

图 36-2　家兔皮层诱发电位（叠加）

实验操作步骤见图 36-3。

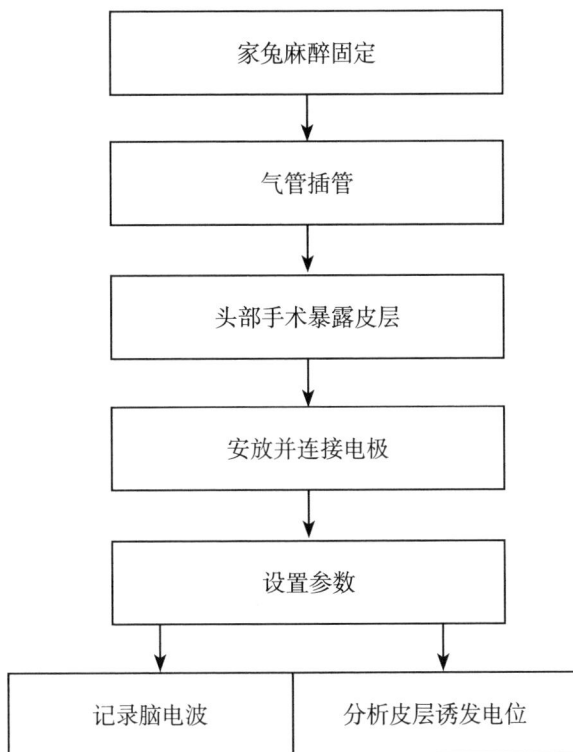

图 36-3　家兔皮层诱发电位实验步骤图

【注意事项】

1. 必须保持良好的接地。

2. 因神经细胞对温度变化非常敏感，为保持大脑皮层温度，在开颅后须经常滴加38℃液体石蜡，保持脑温。

3. 开颅时尽量避免损伤血管，以防止血凝块影响实验结果。

4. 放置引导电极时要松紧适度。太松则无法采集数据，太紧则会损伤皮层而影响实验结果。

5. 可适当加深动物麻醉程度，以抑制自发脑电波，更好地显示皮层诱发电位。

【思考与练习】

1. 皮层诱发电位与自发脑电波电位如何进行区别？

2. 家兔大脑皮层诱发电位有何特征？简述其生理与临床意义。

实验三十七　人视觉功能测定 ▷▷▷

【实验目的】

学习使用视力表测定视力的原理和方法。

【实验原理】

　　眼分辨两点间最小距离的能力称为视力（视敏度），常用眼两个光点形成的最小视角的倒数来表示。视角是指两个光点的光线投射入眼中通过节点所形成的夹角，视角越大表示两光点的间距越大。国际标准视力表即据此原理设计。目前我国测定视力用的是标准对数视力表。国际标准视力表使用的临床规定是在 5m 远处能看清视力表上第 10 行的"E"字缺口的方向时，即为正常视力，以 1.0 表示，此时视角为 1 分角（图 37-1）。

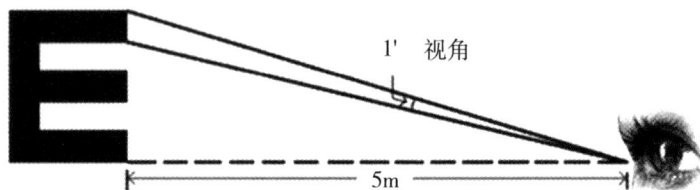

图 37-1　视力表原理

【实验对象】

人。

【实验用品】

国际标准视力表、指示棒、遮眼罩、卷尺。

【实验步骤】

1.检测室光线充足，将视力表挂在墙面平整均匀的墙壁上，表上第 10 行字母"E"

的高度应与受试者眼睛在同一平面。

2.受试者站在视力表前 5m 处，用眼睛罩遮住一侧眼睛，用另一侧眼看视力表。主试者用指示棒从表的第一行开始，依次指点各字符，受试者按指示棒所指字符说出其缺口方向，若正确则主试者从上向下依次指向各行，直至受试者完全不能分辨为止，此即受试者的视力值。

3.用同样的方法测定对侧眼睛视力。

4.若受试者对第一行符号都无法辨认，则嘱受试者向前移动一步再次开始测试，直至能辨认最上一行为止，测定此时受试者与视力表的距离，按下列公式推出其视力。

受试者视力＝ 0.1× 受试者与视力表的距离（m）/5m

【注意事项】

1.室内光线需充足且均匀。

2.受试者与视力表之间距离 5m。

3.用遮眼罩遮盖一侧眼睛时勿按压眼球，以防影响测试。

【思考与练习】

1.国际标准视力表是按什么原理设计的？其优缺点有哪些？

2.受试者于 3m 远处才能看清第 10 行 E 的缺口，受试者视力是多少？

3.哪些因素会影响人的视力？测试视力时应注意哪些问题？

实验三十八　视野测定 ▷▷▷▷

【实验目的】

1. 学习视野范围的检测方法。
2. 了解正常的视野范围。

【实验原理】

视野是指用单眼注视正前方一点不动时，该眼所能看到的最大空间范围。测定视野有助于了解视网膜或视觉传导通路的病变，因为这些病变常常会伴随特殊形式的视野缺损。正常人颞侧视野大于鼻侧视野，下方视野大于上方视野；在同一光照条件下，白色视野最大，黄色、蓝色、红色视野依次缩小，绿色视野最小。

【实验对象】

人。

【实验用品】

视野计、各色视标、视野图纸、铅笔（白、黄、红、绿色）。

【实验步骤】

1. 观察视野计的结构。视野计的式样较多，常用的是弧形视野计，它是一个半圆弧形金属板，安在支架上，可绕水平轴作 360° 的旋转，旋转的角度可以从分度盘上读出。圆弧形外面有刻度，表示该点射向视网膜周边的光线与视轴所夹的角度，视野的界限就是以此角度来表示。在圆弧内面中央装有一面小镜作为目标物，其对面的支架上附有托颌架与眼眶托，此外，视野计都附有白、黄或蓝、红、绿视标。一般视野计都放置在光线充足的桌台上（图 38-1）。

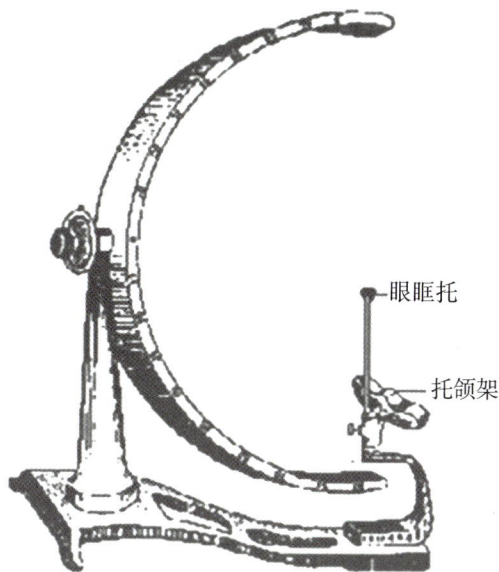

图 38-1　弧形视野计

　2.实验室常用弧形视野计，为一带有白、黄、蓝、红、绿等色标的可旋转的半圆弧形金属板。圆弧形外面有刻度，表示该位置与视轴所夹的角度，视野的界限就是以此角度来表示。在室内光线充足的条件下，嘱受试者面对视野计坐好，把下颌放在托颌架上，右侧眼眶下缘靠在眼眶托上，调整托颌架的高度，使眼与弧架的中心位于同一水平。首先将弧架水平位置摆放，遮住受试者左眼，嘱其右眼注视弧架中心点固定不动。实验者首先选用白色视标沿弧架一端从周边慢慢向中央移动，嘱受试者看见视标时举手示意。视标倒移回一段距离后再次向弧架中心移动，重复测试　次。两次测试结果一致时，记下弧架上的相应角数，并用白色铅笔标记在视野图相应位置上。再从弧架另一端测量视野并用白色铅笔标记在视野图上。

　3.将弧架顺时针转动45°，重复上述操作。共需操作4次，得出8个标记数值，将视野图上的这8个标记数值依次连接起来，就是白色视野的范围。

　4.用相同方法，依次测出右眼的黄、红、绿等各色视野，分别用对应颜色的铅笔在视野图上标出。

　5.再以相同方法测定左眼的各色视野。

　6.在视野图上记录眼与注视点间的距离和视标的直径。通常前者为33cm，后者为3mm。

【注意事项】

1.整个测定过程中，受试者被测眼始终注视弧架中心点不动，只用余光观察视标。

2.测试眼与弧架中心点保持同一水平。

3.测试间隙受试者可适当闭眼休息，避免因眼睛疲劳而影响实验结果。

4. 测试时，视标移动速度不要太快，尽量多测几个点，这样所得的视野图就更精确。

【思考与练习】

1. 为什么单眼视野的形状是不规则的圆形？
2. 不同颜色的视标测出的视野范围是否相同？为什么？
3. 左右两眼同色视野是否对称？

实验三十九　瞳孔调节反射和对光反射 ▷▷▷▷

【实验目的】

学习瞳孔调节反射和对光反射的观察方法，了解瞳孔调节反射和瞳孔对光反射。

【实验原理】

当视近物时可反射性引起双眼瞳孔缩小，称为瞳孔近反射或瞳孔调节反射。当强光照射时瞳孔反射性增大而光线变弱时瞳孔散大的反射，称为瞳孔对光反射。瞳孔对光反射是双侧性的，光照一侧眼时，双侧眼的瞳孔均缩小。这些反射的中枢均在中脑，临床常通过检查这些反射，尤其是瞳孔对光反射以了解中脑功能，用以判断麻醉深度和病情危重程度，也可用以辅助某些疾病定位的诊断。

【实验对象】

人。

【实验用品】

手电筒、遮光板。

【实验步骤】

1. 瞳孔调节反射　嘱受试者注视正前方远处的物体，观察其瞳孔的大小，将物体向受试者眼前移动。观察在此过程中受试者瞳孔大小的变化，同时注意观察其两眼瞳孔间距离有无变化。

2. 瞳孔对光反射

（1）在光线较暗处观察受试者双眼瞳孔大小，然后用手电筒直接照射受试者一侧眼，观察该眼瞳孔有何变化，当停止照射后该眼瞳孔又有何变化。

（2）用遮光板将两眼视野隔开后，用手电筒照射一侧眼睛，观察另一只眼睛瞳孔的变化。

【注意事项】

1. 进行瞳孔调节反射时受试者要紧盯直视物体。

2. 进行瞳孔对光反射时，受试者两眼需要一直直视远处，不可注视手电光导致眼近反射。

【思考与练习】

1. 什么是瞳孔的调节反射和对光反射？其反射弧是什么？

2. 瞳孔对光反射的特点及两眼反应的机制是什么？

3. 视近物时两眼瞳孔间距离有何变化？有何生理意义？

实验四十　声音的传导途径 ▷▷▷▷

【实验目的】

1.学习听力检查的方法。

2.比较气导和骨导的听觉效果。

3.了解听力检查在临床上的意义。

【实验原理】

声音可以通过两条途径由外界传入内耳：一条途径是声音经外耳、鼓膜、听骨链和前庭窗传入内耳引起内耳淋巴液振动，称为气导；另一条途径是声音直接引起颅骨振动导致其内的内耳淋巴液振动，称为骨导。正常声音传导以气导为主，骨导作用甚微，但区分气导和骨导对于鉴别耳聋的性质具有一定的临床意义。

【实验对象】

人。

【实验用品】

音叉（频率256Hz或512Hz）、棉球。

【观察项目】

1.比较同侧耳的气传导和骨传导（任内实验）

（1）任内实验阳性　保持室内安静，受试者静坐于检查椅上。检查者将音叉在掌心轻敲，立即将音叉柄底端放于受试者一侧颞骨乳突，询问此时受试者能否听到音叉响声，嘱受试者听不到声音时举手示意，立即将音叉移到同侧外耳道口2cm处，询问受试者能否听到响声；反之，敲响音叉后先放音叉在受试者外耳道口2cm处，待其听不到响声时立即将音叉移到同侧颞骨乳突处，如此时受试者仍听不到声响，说明气导大于骨导。正常人气导时间比骨导时间长，称为任内实验阳性。

（2）任内实验阴性　用棉球塞住受试者一侧外耳道（模拟气传导途径障碍）后重复前述实验步骤，将出现气导时间等于或短于骨导时间的现象，临床上称为任内实验阴性。

2. 比较两耳骨导（魏伯实验）

（1）实验者将音叉敲响后底端置于受试者前额正中发际处或颅顶正中处，嘱其比较两耳听到的声音强度是否相等。正常人两耳所感受的声音强度是相等的。

（2）用棉球塞住受试者一侧外耳道，重复上述实验，询问受试者两耳听到的声音强度是否一样，偏向哪侧。

临床上根据上述任内实验和魏伯实验的结果，大致可判断耳聋的性质，见表40-1。

表 40-1 音叉试验结果判断

检查方法	结果	说明	判断
任内实验	阳性	气导＞骨导	正常耳
	阴性	气导＜骨导	传导性耳聋
魏伯实验	两侧相同	两侧骨导相等	正常耳
	偏向患侧	患侧空气传导干扰减弱	患侧传导性耳聋
	偏向健侧	患侧感音功能丧失	对侧神经性耳聋

【注意事项】

1. 不要在坚硬物体上敲击音叉，可在手掌、橡皮锤上敲击，以免将其损坏。

2. 在操作过程中只能用手指持音叉柄，避免接触音叉臂。

3. 将音叉放到外耳道口时，应将音叉臂的振动方向正对外耳道口，相距外耳道2cm。

【思考与练习】

1. 正常人听觉声波传导的途径与特点是什么？

2. 如何鉴别传导性耳聋和神经性耳聋？其机制是什么？

实验四十一　破坏动物一侧迷路的效应 ▷▷▷▷

【实验目的】

观察迷路在调节肌张力、维持姿势中的作用。

【实验原理】

内耳迷路包括耳蜗、前庭（椭圆囊、球囊）和三个半规管，后两者合称前庭器官。前庭器官是人体对自身运动状态和头所在空间位置的感受器，其兴奋时能反射性调节肌紧张，维持机体的平衡与姿势。当一侧迷路功能丧失时，可使肌紧张张力大小发生改变，丧失维持正常姿势与平衡能力，由迷路功能消失引起的眼外肌肌紧张障碍还会发生眼球震颤。

【实验对象】

豚鼠、蟾蜍。

【实验用品】

外科手术器械一套、滴管、探针、水盆、纱布、氯仿、乙醚。

【实验步骤】

1. 消除豚鼠一侧迷路功能　先观察豚鼠活动情况，然后使豚鼠侧卧，将一侧耳郭上提，向外耳道深部滴入氯仿 2 ～ 3 滴，固定动物使氯仿渗透入半规管，消除其感受功能。约 10min 后，仅固定豚鼠后肢，观察其头部位置，眼球震颤情况，颈部、躯干两侧及四肢的肌紧张度等变化，注意观察这些变化是发生在迷路功能消失一侧还是功能健全侧。解除豚鼠固定，任其自由活动，观察其运动情况。

2. 破坏蟾蜍一侧迷路　选取水中游泳姿势正常的蟾蜍一只，用乙醚进行麻醉。用纱布包住蟾蜍的躯干及四肢，使其腹部向上，口张开，用手术刀在颅底口腔黏膜横切一刀，分开黏膜，可见十字形的副蝶骨。副蝶骨左右两侧的横突即为迷路所在位置。削去一侧横突部分骨质，可见粟米大小的小白丘，此即为迷路，用探针刺入小白丘深约 2mm，破坏迷路。数分钟后，观察蟾蜍静止和爬行的姿势及游泳的姿势。迷路位置如图

41-1。

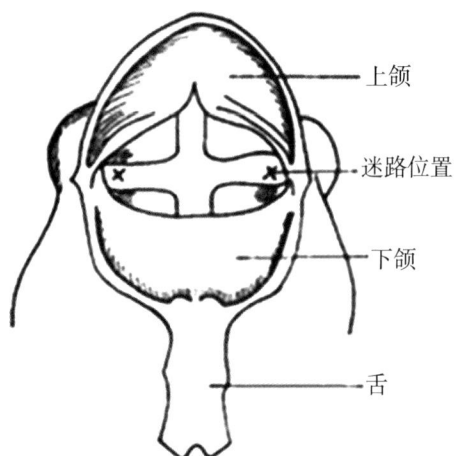

图 41-1　迷路位置示意图

【注意事项】

1. 选择健康、对称运动好、两眼无残疾的动物。
2. 破坏或麻醉迷路前应认真观察动物的姿势、状态及运动情况。
3. 氯仿是一种高脂溶性全身麻醉剂，不可滴入过多，以免造成动物死亡。
4. 蟾蜍颅骨板薄，损伤迷路时部位要准确，用力适度，勿损伤脑组织。

【思考与练习】

1. 前庭器官由哪几部分组成？它们的生理功能是什么？
2. 破坏动物一侧迷路后，头及躯干的状态有什么变化？为什么？

实验四十二　微音器电位和听神经动作电位观察 ▷▷▷▷

【实验目的】

1. 学习引导耳蜗电位的方法。
2. 观察微音器电位与听神经动作电位的特点及二者之间的关系。

【实验原理】

耳蜗具有感音换能的作用，当声波震动传导到内耳淋巴液后，可在耳蜗及其附近结构记录到一系列电位波动，包括耳蜗微音器电位和听神经复合动作电位。微音器电位是基底膜上的毛细胞将声波机械能转变为生物电变化所产生的感受器电位，其潜伏期极短，无不应期，不易发生疲劳和适应，波形、频率、位相等均与刺激的声波一致，在一定范围内其振幅随声压的增强而增大。听神经动作电位是继微音器电位后出现的一组双位相性电位波动，是耳蜗对声音刺激进行换能和编码的结果，可记录到 $2 \sim 3$ 个负波（N_1、N_2、N_3），其幅度随声音强度的增加而增大，其高低反映了被激活的神经纤维数目的多少。

【实验对象】

豚鼠。

【实验用品】

哺乳类动物手术器械、小骨钻、引导电极、参考电极与接地电极、扬声器或耳塞、蛙板、烧杯、纱布、注射器、胶泥、BL-420F 生物机能实验系统、20% 氨基甲酸乙酯溶液。

【实验步骤】

1. 耳部手术　取体重 350g 左右的健康幼年豚鼠，按 5mL/kg 剂量用 20% 氨基甲酸乙酯腹腔注射麻醉，麻醉后使豚鼠侧卧于蛙板上，剪去靠上方一侧耳后部的毛，沿耳郭根部后缘做一弧形切口，分离皮下组织及肌肉，充分暴露乳突，用小骨钻在乳突上钻一小孔，再仔细扩大找到中耳鼓室（图 42-1）。

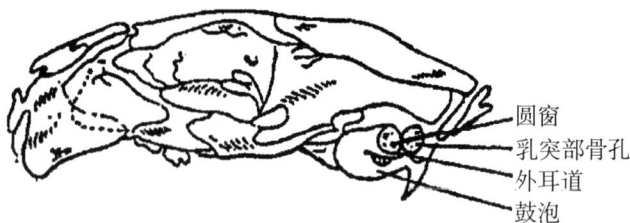

图 42-1 豚鼠头骨

2. 安放电极 在中耳前内侧壁有一圆形小孔，其上封闭的膜即为圆窗膜。确定圆窗膜的位置后，使豚鼠头端稍向下垂，将引导电极前端稍弯曲，从骨孔插向中耳深部，轻轻放置在圆窗膜上并用胶泥固定，参考电极置于手术切口的肌肉或皮肤上，接地电极插入动物前肢。

3. 连接实验仪器装置 将各电极（引导、参考、接地电极）与 BL-420F 生物机能实验系统的相应接口相连（红色夹子夹引导电极，白色夹子夹参考电极，黑色夹子夹接地电极），刺激输出端与耳塞相连。

4. 选择实验项目 打开计算机，启动 BL-420F 生物机能实验系统，点击"实验项目"菜单，找到记录耳蜗微音器电位的实验项目，按项目设置默认参数开始实验。

5. 观察短声刺激的影响 将耳塞对准豚鼠外耳道，启动刺激输出，给予动物适当的短声刺激即可记录到刺激伪迹后的微音器电位，以及紧随其后的听神经复合动作电位。反转刺激器输出的极性或交换耳塞两端的接线改变声音的相位，可看到微音器电位的相位将随之反转，而听神经动作电位的相位没有变化。

6. 观察语音刺激的影响 直接对豚鼠外耳道说话或唱歌，采用连续采样方式采样，可见到与所给声音频率和振幅相应的电位变化。

【注意事项】

1. 可击掌测试豚鼠的耳郭反应，以选取对声音反应良好的动物。
2. 必须将骨孔周围组织清理刮净，避免渗出液进入鼓室而影响实验结果。
3. 引导电极注意绝缘，防止发生短路。
4. 安置引导电极时，切勿将圆窗膜戳破而致内耳淋巴流出，使电位减小和实验时程缩短。

【思考与练习】

1. 微音器电位是如何形成的？
2. 微音器电位和听神经动作电位各有何特点与联系？

第二部分　综合性实验

实验四十三　影响血液凝固的因素 ▷▷▷

【实验目的】

1. 掌握血液凝固的基本原理和基本过程。
2. 熟悉影响血液凝固的因素。
3. 了解常用的血液抗凝方法。

【实验原理】

血液凝固是指血液由流动的液体变为不流动的固体的过程，这是有多种凝血因子参与的连续的生物化学反应过程。可分为以下三个阶段（图 43-1）：

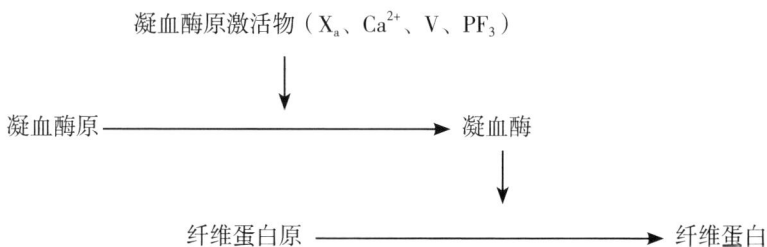

凝血酶原激活物（X_a、Ca^{2+}、V、PF_3）

凝血酶原 ⟶ 凝血酶

纤维蛋白原 ⟶ 纤维蛋白

图 43-1　凝血过程的三个阶段

最终形成的不溶于水的纤维蛋白在 XⅢ 因子作用下相互交织成网，网罗血细胞使血液凝固。其中，凝血酶原激活物的形成主要取决于 X 因子的激活，而根据激活 X 因子需要的凝血因子的来源，可以将血液凝固分为内源性凝血途径和外源性凝血途径两种，参与前者的全部凝血因子均存在于血液之中，而后者的凝血过程中有血管外的凝血因子参与。当某种凝血因子缺乏或功能异常时，即可影响血液凝固的过程。此外，血液凝固还受温度、接触面光滑程度等因素的影响。

【实验对象】

家兔。

【实验用品】

哺乳类动物手术器械一套、动脉插管、动脉夹、气管插管、棉签、注射器、50mL 烧杯、试管架、小试管、滴管、吸管、温度计、恒温水浴槽、碎冰块、带橡皮刷的玻棒 或竹签、脱脂棉、20% 氨基甲酸乙酯溶液、肝素、3% 氯化钙溶液、生理盐水、液体石 蜡、草酸钾 1 ～ 2mg。

【实验步骤】

1. 气管插管术和动脉插管术　麻醉、固定家兔，行气管插管术，然后分离颈总动脉 行动脉插管术，用动脉夹控制放血量。具体操作参见实验一和实验二。

2. 制备抗凝血浆　取约 10mL 兔动脉血，加入适量肝素后轻轻混匀，将血液标本置 于离心机中，配平后以 3000r/min 离心 30min，取出，抽取淡黄色上清液，即抗凝血浆， 备用。

3. 制备肺组织浸液　打开家兔胸腔，取新鲜兔肺脏，洗净血液后，剪成小碎块置于 烧杯中。在烧杯中加入 3 ～ 4 倍生理盐水混匀，放入冰箱备用。

4. 观察纤维蛋白原在凝血过程中的作用　取兔动脉血约 10mL，分置于两只小烧杯 内。其中一杯静置，另一杯用带有橡皮条的玻棒或粗糙的竹签持续搅拌。5min 后，取 出玻棒或竹签，观察缠绕在玻棒上的纤维蛋白。同时观察两个烧杯内的血液是否凝固。

5. 观察影响血液凝固的因素　取干燥小试管 6 支，按下表安排不同的实验条件。取 家兔动脉血 10mL，分置于上述试管中，每管约 1.5mL，秒表计时观察血液凝固的情况， 每 30s 倾斜试管一次，直至血液凝固不再流动为止，在表 43-1 分别记录血液凝固的 时间。

表 43-1　影响血液凝固的因素

实验条件	制作方法	凝血时间
接触面	（1）粗糙表面：放少许棉花	
	（2）光滑表面：用液体石蜡润滑试管内表面	
温度	（1）将试管置于 37℃恒温水浴槽中	
	（2）将试管置于冰水浴槽中	
抗凝剂	（1）试管内加入肝素 8U，摇匀	
	（2）试管内放加入草酸钾 1 ～ 2mg，摇匀	

如果肝素管及草酸钾管未出现血液凝固，在两管分别加入 2 ～ 3 滴 3% 的 CaCl₂ 溶液，观察血液是否会凝固。

6. 观察外源性凝血过程 取干燥小试管 2 支，编号后按表 43-2 进行操作，秒表计时观察血液凝固的情况，每隔 20s 倾斜试管一次，直至血液凝固不再流动为止，比较各管凝固所需要的时间。

表 43-2 观察内源性及外源性凝血过程

试管编号	实验条件				
	抗凝血浆（滴）	3%CaCl₂（滴）	生理盐水（滴）	肺组织浸液（滴）	凝固时间
1	10	1 ～ 2	1 ～ 2		
2	10	1 ～ 2		1 ～ 2	

整个实验操作过程见图 43-2。

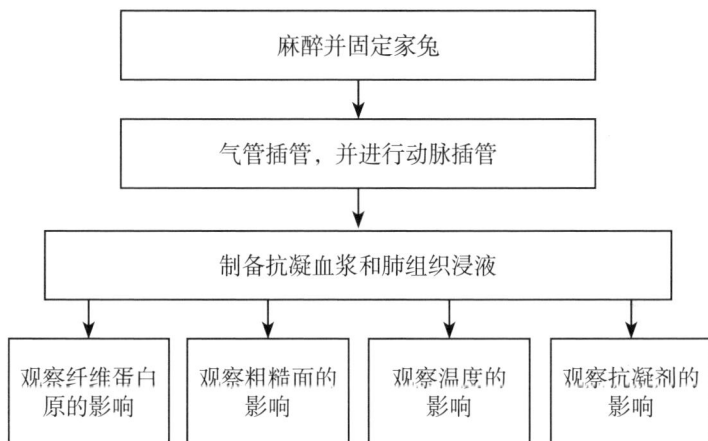

图 43-2 影响血液凝固的因素实验步骤图

【注意事项】

1. 抗凝剂需新鲜配制。
2. 所有器具均应清洁、干燥。
3. 自采血起，整个实验应在 2h 内完成，否则会影响实验的准确性。
4. 每次颈总动脉放血时，只取流出的新鲜血液。

【思考与练习】

1. 肝素抗凝和草酸钾抗凝的机制有何不同？
2. 临床上外科手术时用温热生理盐水纱布按压出血部位止血的机制是什么？

实验四十四　影响心脏活动的体液因素 ▷▷▷▷

【实验目的】

1. 掌握离体蛙心灌流的方法。
2. 熟悉各种神经、体液因素对心脏活动的影响。

【实验原理】

因蛙类组织生存所需条件较低，蛙心只要保持在适宜的条件下，即使离体后一定时间内仍具有活性，能够以一定节律自动产生兴奋和收缩。因此，实验选用蛙心来研究影响心脏活动的因素。心脏正常的节律性活动受到各种神经体液因素的调节，当这些因素改变则可引起心脏活动的相应改变。

【实验对象】

蟾蜍或蛙。

【实验用品】

蛙类手术器械、蛙心夹、蛙心插管、张力换能器、滴管、铁架台、烧杯、手术线、BL-420F 生物机能实验系统、任氏液、0.65%NaCl 溶液、3%$CaCl_2$ 溶液、1：10 000 肾上腺素溶液、1：10 000 乙酰胆碱溶液。

【实验步骤】

1. 离体蛙心制备

（1）破坏脑和脊髓后，将蛙仰卧位固定在蛙板上。从剑突处将胸部皮肤及剑突横向剪开，然后纵向剪断胸骨，打开心包，暴露出蛙的心脏。

（2）在主动脉干下方穿两根手术线，一根在主动脉上端牢固结扎做插管时牵引用，另一根则在动脉圆锥上方系一松结备用，用于结扎和固定蛙心插管。

（3）左手持主动脉上方手术线轻轻牵拉，右手用眼科剪在左主动脉根部剪一"V"形切口，后将盛有少量任氏液的蛙心插管从剪口处插入动脉圆锥。当插管头到达动脉圆锥时，将插管稍向后退，并转向心室中央方向，待心室收缩期将其插入心室。当见到套管内的液面随心脏搏动而上下波动后，将预留的手术线结扎紧并固定在蛙心插管侧钩上，以免蛙心插管滑出心室，再剪断主动脉左右分支。注意在插管过程中要及时吸去套管内的血液，以避免血凝块堵塞套管。

（4）轻提蛙心插管以抬高心脏，用一根手术线在静脉窦与腔静脉交界处做牢固结扎。注意手术线应尽量向下移，以免损伤静脉窦。在手术线外侧剪断所有组织，将蛙心游离出来。

（5）用任氏液反复换洗蛙心插管，直至插管内无血液残留为止。

2. 连接张力换能器　将蛙心插管固定在铁架台上，用蛙心夹夹住心尖，并将蛙心夹连在张力换能器上，张力换能器输出端连接 BL-420F 生物机能实验系统。

3. 选择实验项目　打开 BL-420F 生物机能实验系统，点击菜单"实验项目"找到离体蛙心灌流的实验项目，按默认参数设置开始实验。

4. 观察项目

（1）先描记一段正常的蛙心搏动曲线，注意观察心跳频率及心室的收缩和舒张情况。

（2）把蛙心插管内的任氏液更换为 0.65% 氯化钠溶液，观察心跳频率及心室的收缩和舒张程度。

（3）将套管内氯化钠溶液吸出，用任氏液反复换洗几次，待曲线恢复稳定状态后，再在套管内滴加 3% 氯化钙溶液 1～2 滴，观察心跳频率及心室的收缩和舒张程度。

（4）将含氯化钙的任氏液吸出，用任氏液反复换洗几次，待曲线恢复稳定状态后，再在套管内滴加 1% 氯化钾溶液 1～2 滴，观察心跳频率及心室的收缩和舒张程度。

（5）将含氯化钾的任氏液吸出，用任氏液反复换洗几次，待曲线恢复稳定状态后，再在套管内滴加 1：10 000 肾上腺素溶液 1～2 滴，观察心跳频率及心室的收缩和舒张程度。

（6）将含肾上腺素的任氏液吸出，用任氏液反复换洗几次，待曲线恢复稳定状态后，再在套管内滴加 1：10 000 乙酰胆碱溶液 1～2 滴，观察心跳频率及心室的收缩和舒张程度。

整个实验操作过程见图 44-1。

【注意事项】

1. 制备蛙心标本时注意勿伤及静脉窦，以免影响蛙心正常起搏。

2. 各实验项目出现效应后须立即用任氏液换洗，以免心肌受损。

3. 每次进行下一实验项目前须待心跳恢复稳定后才能进行。

4. 不可混淆使用吸取任氏液和吸取蛙心插管内溶液的吸管，以避免污染。

5. 应保持各实验试次中任氏液在套管内的液面高度不变，以防止前负荷不同对实验结果的干扰。

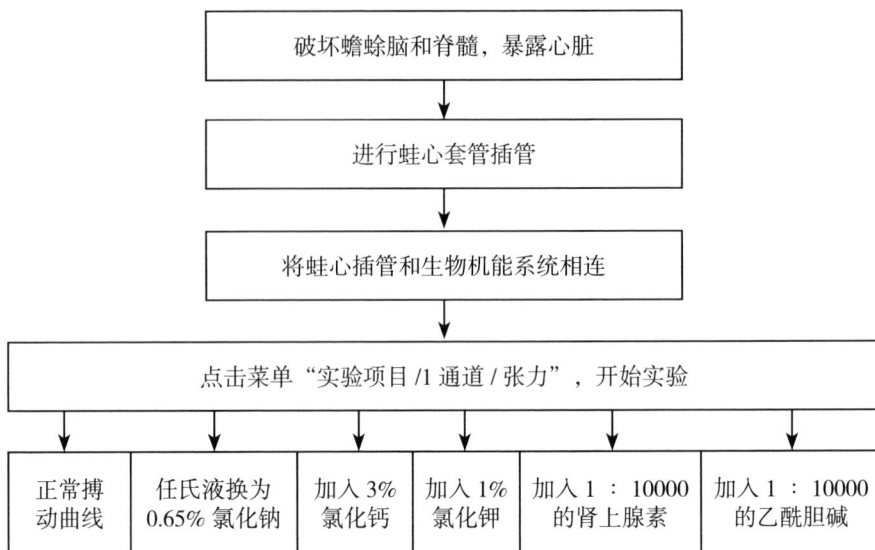

图 44-1　影响心脏活动的体液因素实验步骤图

【思考与练习】

1.正常蛙心波动曲线的各个组成部分分别反映了什么?

2.用 1% 氯化钾溶液灌注蛙心时,心脏搏动曲线会发生什么变化?

3.在任氏液中加入 1 ∶ 10 000 乙酰胆碱溶液灌注蛙心时,心脏搏动曲线会发生什么变化?

实验四十五　家兔心血管活动的调节 ▷▷▷▷

【实验目的】

1. 掌握家兔动脉血压的直接测定方法。
2. 熟悉家兔心电图的描记方法。
3. 熟悉神经和体液因素对心血管活动的调节作用。

【实验原理】

心血管系统包括心脏和血管，二者都接受神经、体液因素的调节。

1. 神经调节　心脏受交感神经和副交感神经支配。当心交感神经兴奋时释放去甲肾上腺素，可激活 β_1 受体而使心脏发生正性变时、正性变力和正性变传导，使心排血量增加。当支配心脏的副交感神经即迷走神经兴奋时，释放乙酰胆碱，可激活 M 型受体而使心脏发生负性变时、负性变力和负性变传导，使心排血量减少。而支配血管的神经主要是交感缩血管神经纤维，其兴奋时释放去甲肾上腺素，激活 α_1 受体而使血管收缩，外周阻力增大，血压升高。心血管中枢可通过颈动脉窦 – 主动脉弓压力感受器参与的压力感受性反射而改变心排血量和外用阻力，从而调节动脉血压，在维持血压的稳定方面起着重要作用。

2. 体液调节　心血管活动体液因素中最重要的是肾上腺素和去甲肾上腺素系统。肾上腺素对 α 与 β 受体均有激活作用，通过激活 β_1 受体可使心率升高加快，心肌收缩力增强，传导加快，而使心排血量增加。在血管由于它对 α_1 与 β_2 受体都有亲和性，大剂量使用时对动脉血压影响不大。去甲肾上腺素主要激活 α_1 受体，对 β_2 受体亲和力较低，因而使用后可显著增加外周阻力，升高动脉血压。因静脉注射去甲肾上腺素时引发的血压升高能启动减压反射，可反射性地引起心率降低，故其对心脏的作用远较肾上腺素为弱。心率可通过心电图实时检测，血压的变化可通过压力换能器和生物信号采集处理系统记录、处理并得出结论。所以本实验主要通过检测动脉血压和心率的变化来反映心血管活动的变化。

【实验对象】

家兔。

【实验用品】

哺乳类动物手术器械1套、动物用心电图导联线（末端带针）、压力换能器、气管插管、电刺激器、保护电极、动脉插管、动脉夹、兔手术台、三通开关、铁架台、玻璃分针、注射针头、双凹夹、注射器、各色手术线、纱布、棉花、粗棉线、BL-420F生物机能实验系统、20%氨基甲酸乙酯溶液、生理盐水、1∶1000肝素、1∶10 000去甲肾上腺素、12.5U/mL肝素生理盐水、1∶10 000肾上腺素溶液、1∶10 000乙酰胆碱溶液、0.01%硫酸阿托品溶液、0.01%普萘洛尔溶液、0.01%酚妥拉明溶液。

【实验步骤】

1. 连接实验仪器装置

（1）将压力换能器输出端连接在BL-420F生物机能实验系统第1通道上，将检测心电图的电极导联接入2通道。

（2）将压力换能器固定在铁支架上，换能器的位置大致与心脏在同一水平。将动脉导管经三通开关与压力换能器正中的输入接口相连，压力换能器侧管上的输入接口与另一三通开关连接。

（3）用注射器通过侧管上的三通开关向压力换能器及动脉导管内注满肝素生理盐水，排净气泡后关闭两个三通开关备用。

（4）将刺激电极输入端与生物机能实验系统的刺激输出口相连，将刺激电极输出端与保护电极相连。

2. 手术

（1）动物的麻醉与固定　具体操作参见实验一。

（2）气管插管　具体操作参见实验二。

（3）分离颈部神经和血管并进行动脉插管　具体操作参见实验二。所不同的是本实验连接压力换能器测量动脉血压。

（4）连接心电导联　将针形电极刺入动物相应部位皮下，然后将电极与导联线连接（前肢：左黄右红；后肢：左绿右黑；胸部：白）。

3. 选择实验项目　打开计算机，启动BL-420F生物机能实验系统，在菜单条点击"输入信号"菜单，其中1通道选择"压力"，2通道选择"心电"。鼠标左键单击工具条上的"开始"按钮，按系统默认参数设置开始实验，进入实验的各个观察项目。

4. 观察项目

（1）观察描记正常心率、血压曲线（图45-1、45-2）。

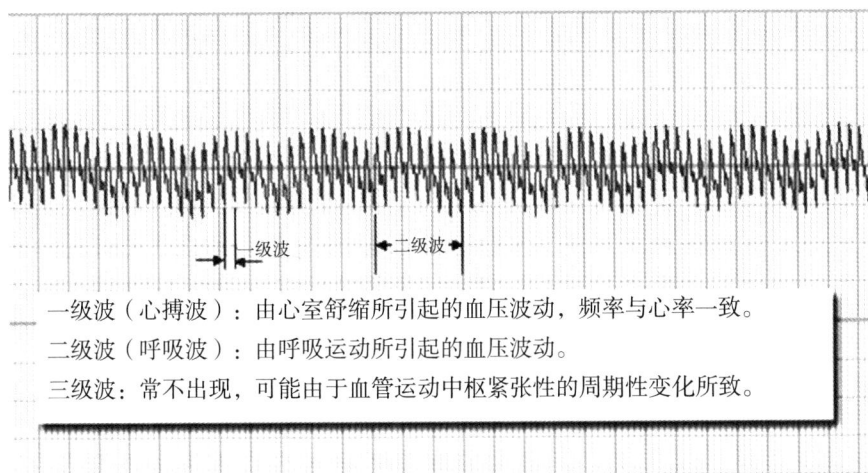

图 45-1　正常血压参考图

图 45-2　正常家兔心电图

（2）用动脉夹夹闭没有插管的颈总动脉 15s，观察记录动脉血压及心率的变化。

（3）电刺激减压神经。待家兔血压波动基本恢复后，用中等强度的串刺激电压刺激减压神经，观察并记录血压变化。然后用两条丝线分别在减压神经中枢端和外周端进行结扎，在两手术线之间将减压神经剪断，用同样强度的电流分别刺激减压神经中枢端和外周端，观察并记录血压和心率的变化。

（4）电刺激迷走神经。待家兔血压波动基本恢复后，用丝线结扎并剪断迷走神经，中等强度的串刺激电压刺激其外周端，观察并记录血压和心率的变化。

（5）待家兔血压波动基本恢复后，按 1μg/kg 的剂量耳缘静脉注射 1 ∶ 10 000 去甲肾上腺素溶液，观察并记录血压和心率的变化。

（6）待家兔血压波动基本恢复后，按 1μg/kg 的剂量耳缘静脉注射 1 ∶ 10 000 肾上腺素溶液，观察并记录血压和心率的变化。

（7）待家兔血压波动基本恢复后，按 0.1mL/kg 的剂量耳缘静脉注射 1 ∶ 10 000 乙酰胆碱溶液，观察并记录血压和心率的变化。

（8）待家兔血压波动基本恢复后，按 0.1mL/kg 的剂量耳缘静脉注射 0.01% 硫酸阿托品溶液，观察并记录血压和心率的变化。5～10min 后，重复观察项目（7），观察动脉血压、心率的变化与前者有何不同。

（9）按 0.5mg/kg 的剂量静脉注入 0.01% 普萘洛尔溶液，观察并记录血压和心率的变化。

（10）待家兔血压波动基本恢复后，按 2mg/kg 的剂量耳缘静脉注射 0.01% 酚妥拉明溶液，观察并记录血压和心率的变化。

（11）放血、补液。从颈总动脉或股动脉插入插管后慢慢放血 20～50mL，观察并记录血压和心率的变化。然后迅速补充 37℃ 生理盐水，观察并记录血压和心率的变化。

整个实验操作过程见图 45-3。

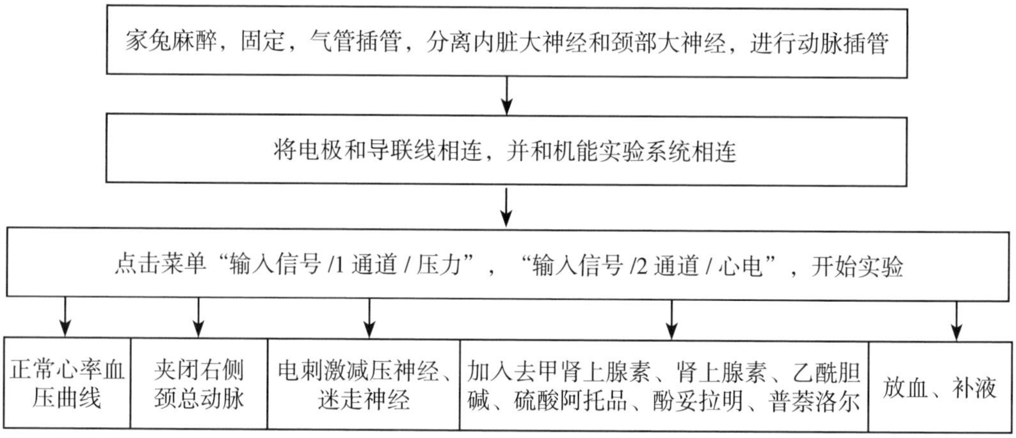

图 45-3　家兔心血管活动的调节实验步骤图

【注意事项】

1. 麻醉不要过深以免引起动物死亡。如实验时间过长，动物苏醒挣扎，可适量补充麻醉药，但补充麻醉剂量以不超过总剂量的 1/5 为宜。

2. 实验过程中，必须等上一个实验项目导致的血压波动基本恢复后，才进行下一项目的观察。

3. 每项实验前要有对照，处理后要有标记。

4. 注意不要过度牵拉神经，并注意防止神经干燥而损伤。

5. 注意保护耳缘静脉。最后一项观察因放血后血压降低，血管充盈不良，静脉穿刺困难，应在放血前做好补液准备。

6. 防止因操作失误引起的动脉大出血。

【思考与练习】

1. 如何证明减压神经是单纯的传入神经？

2. 刺激迷走神经时，为何要预先切断迷走神经，再刺激其外周端？

3. 影响动脉血压的因素有哪些？本实验中用到的因素分别是通过什么机制影响动脉血压的？

4. 刺激家兔完整的减压神经及其中枢端和外周端，血压和心率各有何变化？为什么？

5. 夹闭一侧颈总动脉，血压和心率会发生什么变化？其机制是什么？

实验四十六 左心室内压的测定 ▷▷▷▷

【实验目的】

1. 掌握家兔左心室插管方法。
2. 熟悉左心室内压的测定和分析方法。
3. 了解神经、体液因素对左心室内压的影响。

【实验原理】

在一个心动周期中，通过心脏节律性地收缩和舒张引起心室内压力的周期性变化，以及由此引起的瓣膜规律性开关，可以推动血液单向流动而实现心脏的泵血功能。在等容收缩期，由于心室肌强烈收缩，室内压快速升高超过房内压，推动房室瓣关闭阻止血液倒流入心房；同时由于室内压低于主动脉压，动脉瓣仍处于关闭状态，使得心室成为一个密闭的腔室。由于血液的不可压缩性，心室容积不变，心室肌收缩使得室内压急剧升高。反之，等容舒张期心室开始舒张，室内压下降，主动脉内血液向心室反流而推动动脉瓣关闭，由于此时室内压仍高于心房压，故房室瓣仍处于关闭状态，心室再次成为封闭的腔，心室容积不变，而心室内压急剧下降。

因右颈总动脉从主动脉弓右侧顶端发出并基本与升主动脉在一条直线上，可将心导管从右侧颈总动脉插入左心室而描记左心室内压。左心室内压的变化直接反映了心脏泵血功能的情况，经计算机处理后，可求出心动周期中左心室内压（LVP）的压力变化率（dp/dt）、心肌收缩成分缩短速度（V_{pm}、V_{max}）及心力环面积等多项参数。通过对这些参数的综合分析，可以评判左心室泵血功能状况。

【实验对象】

家兔。

【实验用品】

哺乳类动物手术器械一套、心导管、动脉夹、压力换能器、气管插管、三通开关、玻璃分针、1m长橡胶管、注射器、医用纱布、手术线、绷带、兔手术台、BL-420F生物机能实验系统、20%氨基甲酸乙酯溶液、1∶10 000肾上腺素溶液、1∶10 000去甲肾上腺素溶液、1000U/mL 肝素溶液、0.9％生理盐水、盐酸普萘洛尔溶液。

【实验步骤】

1. 连接实验装置

（1）将压力换能器连接于 BL-420F 生物机能实验系统 1 通道。

（2）将心导管与压力换能器相连。通过压力换能器侧管上的三通开关注射肝素溶液，排尽压力换能器与心导管中的气泡，然后关闭三通开关备用。

（3）打开计算机，启动 BL-420F 生物机能实验系统，在菜单条点击"实验项目"菜单，选择"左心室内压测定"，按系统默认参数开始实验。

2. 手术

（1）家兔麻醉与固定　详细步骤参见实验一。

（2）气管插管　详细步骤参见实验二。

（3）分离颈总动脉　分离右侧颈总动脉，在其下穿两根手术线，一根在动脉远心端将动脉结扎，另一根备用。具体操作参见实验二

（4）注射肝素　按 1000U/kg 剂量从家兔耳缘静脉注射肝素生理盐水，防止在实验过程中家兔体内血液凝固。

（5）插入心导管　用动脉夹在动脉近心端夹闭颈总动脉，用眼科镊的镊柄托起颈总动脉，右手用眼科剪在靠近远心端结扎处约 0.3cm 的动脉壁上，与血管呈 45°角剪一"V"形切口。在家兔左胸前触摸到心尖搏动最明显处，测量此处到右侧颈总动脉切口的距离，并将该距离标记在心导管上，以便掌握导管推进的最大深度。将充满肝素溶液的心导管经右侧颈总动脉切口从远心端向近心端方向插入动脉内，直至动脉夹处，将备用线打一松结后慢慢放开动脉夹，如有血液从切口流出，则再次夹住动脉夹并将松结稍稍扣紧，再放开动脉夹。放开动脉夹后，将导管轻轻向心脏方向推进。根据导管上的距离标记可估计导管离左心室的距离。当导管尖端进入主动脉瓣口时，会有明显的抵触感。继续推送动脉导管，当突然产生落空感时，即表示导管已进入左心室内。插管时，应密切注意血压波形，以判断心导管所处的位置与状态，当导管进入心腔时血压波形会有明显变化，舒张压将突然下降到 -1.3 ～ 0kPa（-10 ～ 0mmHg）。此时用备用手术线结扎并固定心导管。

3. 观察项目

（1）观察并记录正常状态下的家兔左心室压力曲线（图 46-1），并求得心泵功能各项参数，如心率（HR）、左室峰压（LVP）、左室舒张末期压（LVEDP）、室内压上升最大变化速率（dp/dt_{max}）、室内压下降最大变化速率（$-dp/dt_{max}$）、心肌收缩成分缩短速度 $V_{pm}t-dp/dt_{max}$ 等。

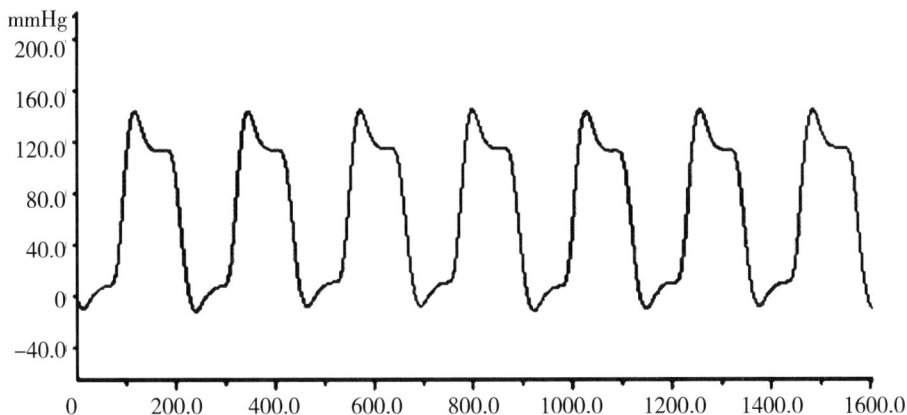

图 46-1　正常状态左心室压力图

（2）耳缘静脉注射 1 ∶ 10 000 肾上腺素溶液 0.2 ～ 0.5mL，观察并记录其心泵功能的变化。

（3）待血压基本恢复后，耳缘静脉注射 1 ∶ 10 000 去甲肾上腺素溶液 0.2 ～ 0.5mL，观察并记录其心泵功能的变化。

（4）将 1m 橡胶管连接于气管插管，增大家兔呼吸的无效腔，观察并记录家兔此时心泵功能的变化。

（5）耳缘静脉注射盐酸普萘洛尔 0.3mL，观察并记录其心泵功能的变化。

整个实验操作过程见图 46-2。

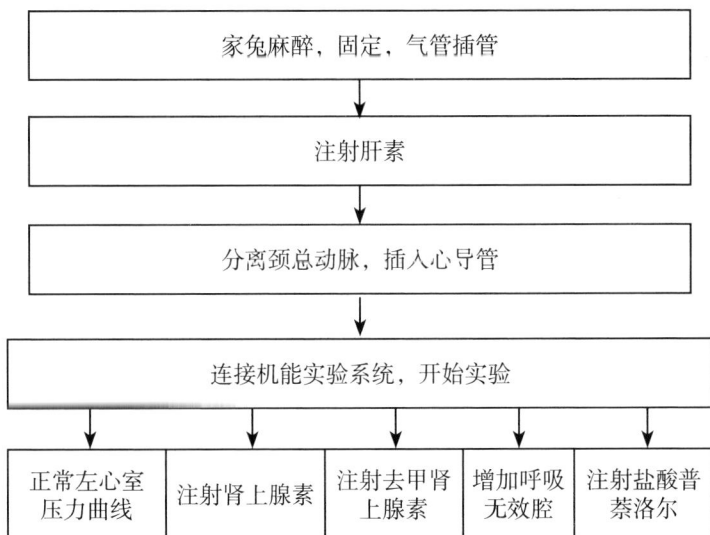

图 46-2　左心室内压的测定实验步骤图

【注意事项】

1. 适度麻醉，防止动物麻醉死亡。

2. 制备心导管时其尖端不宜太尖，以免插管时刺破血管壁或插入管壁黏膜层中。

3. 手术前注意将动物和心导管都肝素化，防止凝血。

4. 严禁用剪刀等锐利器械分离血管，以防损伤血管。

5. 心脏插管时，若屏幕上波形突然消失，可将导管退出 0.5 ~ 1cm 再继续推进，如仍无波形，须考虑导管内凝血，可从三通注入少量肝素或重新插管。

6. 推进导管时，动作要轻柔，用力要适度。当推进阻力较大时，可先把导管稍退出一点再继续推进，并不断改变方向尝试推进。

7. 若实验过程中动物出现呼吸困难，应考虑分泌物窒息，及时清理呼吸道后再行插管。若动物出现心律失常，则要暂时停止手术，待恢复后再进行手术。

8. 因动脉插管较光滑，易从动脉中脱落，故固定心室插管的手术线松紧要适中。

9. 进行测量时，应保持压力换能器与动物心脏处于同一水平面。

10. 做各项观察项目时，需待动物恢复后再进行下一项处理。

【思考与练习】

1. 测定左心室内压有何意义？

2. 在心动周期中，哪些时相中室内压变化速率最大？为什么？

3. 心室射血和动脉血压形成之间的关系是什么？

4. 增大家兔呼吸的无效腔时，其左心室内压有何变化？为什么？

实验四十七　家兔减压神经放电 ▷▷▷▷

【实验目的】

1. 掌握家兔减压神经的辨认及分离、颈动脉插管等手术方法。
2. 熟悉引导减压神经放电的实验方法。
3. 了解动脉血压变化与减压神经放电的关系。

【实验原理】

当动脉血压发生改变时，颈动脉窦主动脉弓压力感受器的传入冲动也随之改变，通过传入神经将信号传入延髓心血管中枢而引起心率、心肌收缩力、血管阻力等的变化，从而调节血压相对稳定，这一反射称为降压反射。家兔降压反射的主动脉弓压力感受器的传入神经在颈部单独成一束，称为主动脉神经或减压神经。它是降压反射的传入神经，可将感受器感受的血压变化传入冲动传送到中枢。利用电生理学实验仪器可引导、显示、记录、监听神经冲动。本实验应用 BL-420F 生物机能实验系统来引导、显示、记录减压神经放电，并用监听器监听减压神经放电的声音。

【实验对象】

家兔。

【实验用品】

哺乳类动物手术器械、神经放电引导电极、电极架、皮兜架、兔手术台注射器、动脉插管、注射针头、玻璃针、烧杯、棉球、丝线、纱布、滴管、BL-420F 生物机能实验系统、20% 氨基甲酸乙酯溶液、液体石蜡、生理盐水、利血平、1∶10 000 肾上腺素溶液、1∶10 000 乙酰胆碱溶液。

【实验步骤】

1. 一般手术
（1）麻醉和固定　具体操作参见实验一。
（2）分离减压神经和颈总动脉　具体操作参见实验二。

（3）颈总动脉插管　选择一侧颈总动脉，按实验二的方法进行颈总动脉插管。

（4）做保护皮兜并安置电极　将颈部皮肤缝在皮兜架上，做成皮兜。向皮兜内滴入温热的液体石蜡，浸没神经和电极，以防神经干燥并起绝缘、保温作用。将神经放电引导电极固定在电极架上，用备用线提起减压神经并搭到引导电极的金属丝上，注意神经不可牵拉过紧。引导电极应悬空并固定于电极支架上，不能触及周围组织，将接地线就近夹在皮肤切口的组织上。

2. 系统连接与参数设置

（1）将神经放电引导电极连接到 BL-420F 生物机能实验系统 1 通道上，用以记录减压神经放电。

（2）将颈总动脉插管通过压力换能器连接到 BL-420F 生物机能实验系统 2 通道上，用以记录动脉血压曲线变化。

（3）打开 BL-420F 生物机能实验系统，点击"实验项目"菜单，在"循环实验"子菜单中选择"减压神经放电"开始实验。

3. 观察项目

（1）正常减压神经放电。BL-420F 生物机能实验系统上显示减压神经伴随心律而呈现群集性放电，电压为 $100 \sim 200\mu V$；从 BL-420F 生物机能实验系统的内置监听器中可听到如火车开动样"轰轰"声（图 47-1）。

图 47-1　兔减压神经放电

（2）压迫颈动脉窦，观察减压神经群集性放电和动脉血压曲线的变化。

（3）夹闭颈总动脉，观察减压神经群集性放电和动脉血压曲线的变化。

（4）从耳缘静脉注射 1 ∶ 10 000 肾上腺素溶液 0.3mL，观察减压神经群集性放电和动脉血压曲线的变化。

（5）从耳缘静脉注射 1 ∶ 10 000 乙酰胆碱溶液 0.3mL，观察减压神经群集性放电和动脉血压曲线的变化。

（6）从耳缘静脉注射利血平 2mg，观察减压神经群集性放电和动脉血压曲线的变化。

整个实验操作过程见图 47-2。

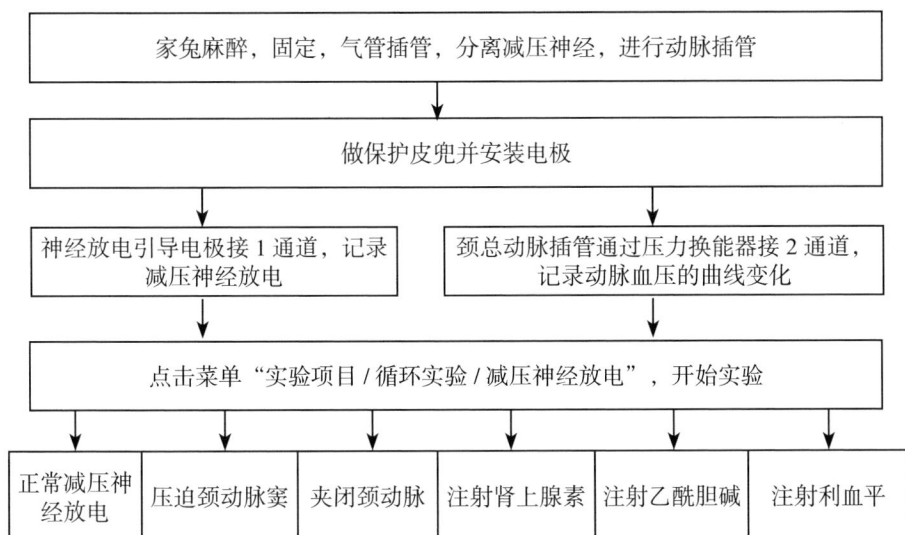

图 47-2　家兔减压神经放电实验步骤图

【注意事项】

1. 注意麻醉深度不宜过浅，防止实验动物产生肌电干扰。

2. 注意连接好接地。

3. 用玻璃分针分离神经，分离神经时动作要轻柔。分离后及时滴加温热液体石蜡，以防止神经干燥，并可保温。

【思考与练习】

1. 正常减压神经放电的基本波形有何特征？

2. 静脉注射肾上腺素、乙酰胆碱后，减压神经放电频率、幅度和"占/空比"有何变化？与血压的关系如何？

3. 总结各项实验结果，并分析肾上腺素、乙酰胆碱、利血平是通过影响动脉血压形成中的哪一条而起作用的？

实验四十八　蟾蜍在体心肌动作电位描记 ▷▷▷▷

【实验目的】

1. 掌握在体心肌动作电位的描计方法。
2. 熟悉动作电位和心电图之间的对应关系与机制。
3. 了解心肌动作电位各时相的变化与各种离子、神经递质的对应关系。

【实验原理】

心室肌细胞生物电和骨骼肌类似，也包括静息电位和动作电位。安静状态下，细胞膜内外的电位差即为静息电位。在接受静脉窦传来的兴奋后，心肌细胞膜电位也会发生一次快速而可逆的电位波动，经过去极化、反极化和复极化等过程，并最终恢复到静息电位状态，这一系列电位变化即为动作电位。心室肌细胞动作电位的产生与骨骼肌、神经细胞一样，是不同离子跨膜转运的结果。而心肌细胞膜上的离子通道和电位形成所涉及的离子流，远比骨骼肌、神经细胞的复杂得多。故心肌细胞动作电位的形状及特征与其他可兴奋细胞明显不同，它不仅时程长，而且还可分为多个时相。

心肌细胞由于闰盘结构的存在，形成了功能合胞体。因此将电极插入心肌组织内即可记录到心肌细胞动作电位。其数值和形态及记录原理都有别于用微电极在细胞内记录到的心肌细胞动作电位。

【实验对象】

蟾蜍或蛙。

【实验用品】

蛙类手术器械、导线、直径 40μm 的漆包线、手术线、棉球、BL-420F 生物机能实验系统、任氏液、1∶10 000 肾上腺素溶液、0.65% 氯化钠溶液、1∶10 000 乙酰胆碱溶液、1% 氯化钾溶液、2% 氯化钙溶液。

【实验步骤】

1. 破坏脑和脊髓　处死蛙。详细步骤参见实验一。

2. 暴露蛙心　将蛙仰卧位固定在蛙板上。从剑突下横向将胸部皮肤和剑突剪断，再纵向剪断胸骨，用眼科剪打开心包，暴露心脏。

3. 安放引导电极　取三根同样长度（3～5cm）的漆包线，一端削尖，一端去漆皮，将一根漆包线绕成 3～5 圈的螺旋状，尖端弯成"蛙心夹"样，插入心室肌组织内并固定；一根插入心底附近的组织内；一根插入任意部位的组织内。生物电信号引导电极有 3 个不同颜色的鳄鱼夹，红色鳄鱼夹与插入心室肌的漆包线、白色鳄鱼夹与插入心底的漆包线、黑色鳄鱼夹与插入任意部位的漆包线分别相连，以引导蟾蜍在体心肌动作电位。

4. 心电图导联连接　在蟾蜍的右前肢、左后肢、右后肢分别插入 1 根银针（或大头针），用引导电极的白色鳄鱼夹与右前肢银针、红色鳄鱼夹与左后肢银针、黑色鳄鱼夹与右后肢银针相连，以引导蟾蜍的标准 II 导联心电图。

5. 连接实验装置　将心肌动作电位引导电极连接到 BL-420F 生物机能实验系统 1 通道上，以记录心室肌动作电位曲线。将心电图引导电极连接到 BL-420F 生物机能实验系统 2 通道上，以记录心电图曲线。

6. 设置实验参数　打开计算机，启动 BL-420F 生物机能实验系统，点击"实验项目"菜单下的"心肌细胞动作电位与心电图"，按默认参数设置开始实验。

7. 观察项目

（1）正常心肌动作电位和心电图　观察正常心肌动作电位 0、1、2、3、4 各期的波形；计算心肌动作电位的频率；同步描记一段心电图曲线，观察心肌动作电位曲线和心电图曲线在时间上的对应关系。

（2）氯化钙溶液的作用　在蟾蜍心脏上滴加 2% 氯化钙溶液 1～2 滴，观察指标同上。

（3）氯化钠溶液的作用　用任氏液冲洗心脏，待动作电位曲线恢复至正常水平时，在蟾蜍心脏上滴加 0.65% 氯化钠溶液，观察指标同上。

（4）氯化钾溶液的作用　用任氏液冲洗心脏，待动作电位曲线恢复至正常（对照）水平时，在蟾蜍心脏上滴加 1% 氯化钾溶液 1～2 滴，观察指标同上。

（5）肾上腺素的作用　用仟氏液冲洗心脏，待动作电位曲线恢复至正常水平时，在蟾蜍心脏上滴加 1：10 000 肾上腺素溶液 1～2 滴，观察指标同上。

（6）乙酰胆碱的作用　用任氏液冲洗心脏，待动作电位曲线恢复至正常水平时，在蟾蜍心脏上滴加 1：10 000 乙酰胆碱溶液 1～2 滴，观察指标同上。

整个实验步骤见图 48-1。

【注意事项】

1. 要彻底破坏蛙的脑和脊髓。

2. 如描记的波形不佳，可通过改变神经放电引导电极的神经钩钩在心室肌组织上的刺入部位和深度而获得最佳波形。如出现干扰，可在蛙体下面放一块金属板并与地线相连，起到屏蔽作用。

3. 每项实验观察到明显效应后用任氏液冲洗心脏，待动作电位曲线恢复至正常水平时再进行下一项实验。

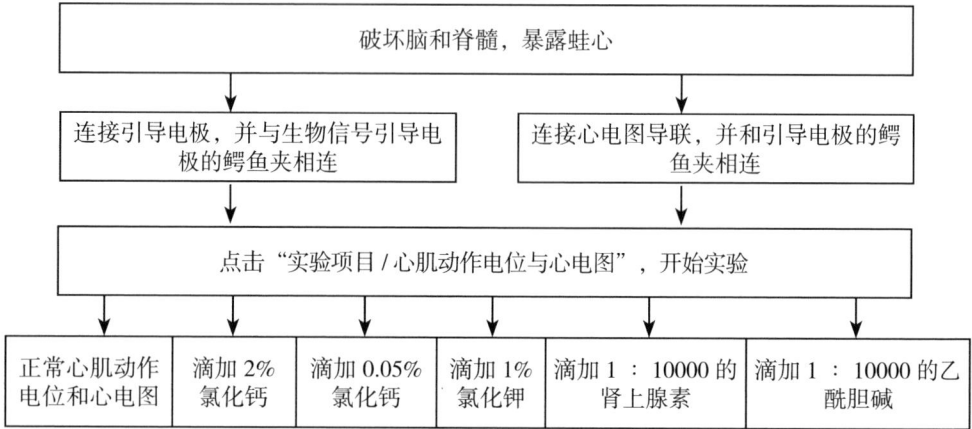

图 48-1　蟾蜍在体心肌动作电位描记实验步骤图

【思考与练习】

1. 心肌动作电位的特征是什么？有何重要生理意义？

2. 心肌动作电位与心电图在时相上有何对应关系？

3. 总结各项实验结果，并分析上述各种因素是通过影响心室肌动作电位中哪一时相的形成机制而起作用的。

实验四十九　蟾蜍微循环的观察 ▷▷▷▷

【实验目的】

1. 掌握观察蟾蜍舌和肠系膜微循环的基本实验方法。
2. 熟悉小动脉、毛细血管和小静脉的血流特点。
3. 了解某些化学物质与微循环血管舒缩活动的对应关系。

【实验原理】

微循环指微动脉和微静脉之间的血液循环，是血液与组织细胞进行物质交换的场所。微循环一般由微动脉、后微动脉、毛细血管前括约肌、真毛细血管、通血毛细血管、动 – 静脉吻合支和微静脉等 7 个部分组成。其可以形成 3 条血流通路：①迂回通路：由微动脉、后微动脉、毛细血管前括约肌、真毛细血管、微静脉构成。是血液与组织细胞进行物质交换的主要场所。②直捷通路：由微静脉、后微静脉、通血毛细血管、微静脉构成。该通路在骨骼肌中多见，可以促进血液迅速回心。③动静脉短路：由微动脉、动静脉吻合支、微静脉构成。主要分布于皮肤，有调节体温的作用。微循环中，微动脉内血流速度快，呈轴流现象，即血细胞在血管中央流动；微静脉血流慢，无轴流现象；而毛细血管管径小，血细胞只能单个通过，能看到单个血细胞流动情况。微循环血管细微，不能用肉眼直接观察，用显微镜可直接观察蟾蜍肠系膜微循环的血管结构特征及血流特征。

【实验对象】

蛙或蟾蜍。

【实验用品】

蛙类手术器械、显微镜、玻璃罩、小烧杯。任氏液、乙醚、1 : 10 000 肾上腺素溶液、1 : 10 000 乙酰胆碱溶液。

【实验步骤】

1. 麻醉　取蟾蜍 1 只，放在玻璃罩内，用乙醚进行吸入麻醉。

2. 固定　蟾蜍麻醉后仰卧位固定在蛙板上，四肢用蛙钉固定。将蟾蜍的舌拉出，用大头针在舌的边缘呈放射状将舌固定到蛙板上。用镊子提起蟾蜍腹壁皮肤，剪开皮肤直至露出腹直肌与腹外斜肌。沿腹部一侧剪开肌肉层，使脏器暴露，剪开过程中注意避开腹壁血管。拉开肝脏和脂肪组织，暴露出肠，将其轻轻拉出固定在带孔的实验板上，使肠系膜正好位于实验板圆孔中央。

3. 观察方法　在显微镜下，分别用低倍镜和高倍镜依次观察蟾蜍舌和肠系膜的微循环情况（图 49-1）。

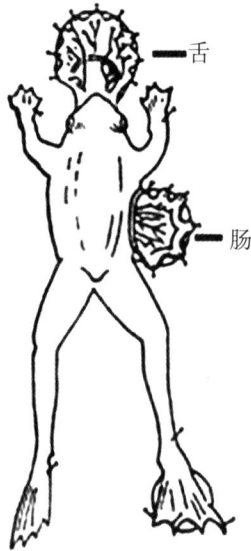

图 49-1　蟾蜍的微循环观察

4. 观察项目

（1）低倍镜下的微循环　低倍镜下，微动脉、微静脉主要是根据血流方向、血流速度和血管壁结构进行区别。镜下可见到微动脉管壁较厚，管径较细，血流速度较快，呈现轴流现象，血流随心搏忽快忽慢，有分支处血液自较粗动脉流向较细动脉。微静脉正好相反，管壁稍薄，管径较粗，血流速度较慢，无搏动，流速均匀，有分支处血流自较小静脉汇集于较大静脉。

（2）高倍镜下的毛细血管　高倍镜下可见到毛细血管管壁极薄，血流速度缓慢。流经最细的毛细血管时，即使是单个红细胞也要改变形状才能通过。因毛细血管有开放和关闭功能，所以高倍镜下某些血管时而出现，时而消失。同时高倍镜下能更清楚地辨别微动脉和微静脉的特征。

（3）肾上腺素的作用　在舌或肠系膜上滴 1 滴 1：10 000 肾上腺素溶液，观察微循环各部分口径的变化。用任氏液冲洗后观察并记录其恢复情况。

（4）乙酰胆碱的作用　待微循环基本恢复正常后，在舌或肠系膜上滴 1 滴 1：10 000 乙酰胆碱溶液，观察微循环各部分口径的变化。用任氏液冲洗，观察并记录其恢复情况。

整个实验操作过程见图 49-2。

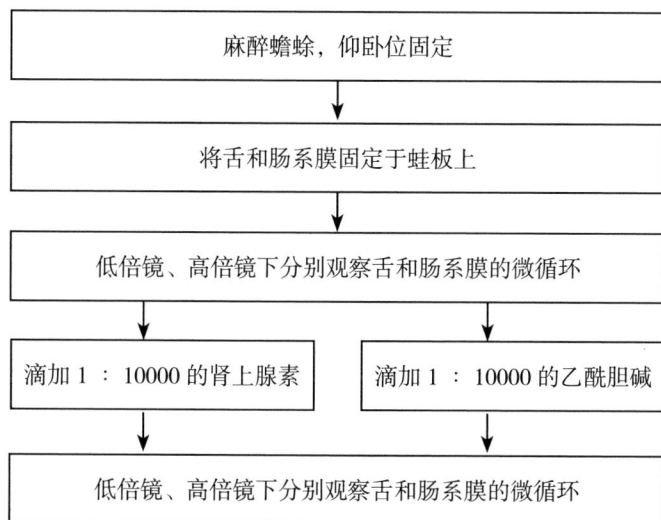

图 49-2　蟾蜍微循环的观察实验步骤图

【注意事项】

1. 蟾蜍的麻醉要适度，由于是吸入麻醉，实验过程中应时刻关注蟾蜍的麻醉状态。
2. 固定蟾蜍舌和肠系膜时，不要固定太紧而影响微循环血流情况。
3. 经常向标本滴加少量任氏液，以防止标本干燥。
4. 实验中注意显微镜的正确操作方法，避免显微镜镜头污染。

【思考与练习】

1. 不同的微循环通路有何作用？
2. 如何在显微镜下区分微动脉、微静脉和毛细血管？

实验五十　家兔呼吸运动的调节与胸膜腔内压的观察 ▷▷▷▷

【实验目的】

1.学习记录家兔呼吸运动的方法和胸膜腔内压的实验方法。

2.掌握各种因素对家兔呼吸运动及胸膜腔内压的影响。

3.了解家兔麻醉、颈部手术、颈部神经辨认和分离、气管插管、胸内插管等基本的手术方法。

【实验原理】

人体及高等动物正常的节律性呼吸运动，是呼吸中枢节律性活动的反映，是在中枢神经系统参与下，通过多种传入冲动的作用，反射性调节呼吸的频率和深度来完成的。其中较为重要的调节为神经参与的反射性调节，包括呼吸中枢的直接作用、肺牵张反射、化学感受器反射等。因此，体内外各种刺激可以直接作用于中枢或通过不同的感受器反射性地作用于中枢从而通过躯体运动神经作用于呼吸肌，影响呼吸运动。所以，呼吸运动的深浅、快慢和节律能随着体内外环境的变化而适应性地改变，是由于体内调节机制的存在。

胸膜腔是由胸膜脏层与壁层所构成的密闭潜在的腔隙，腔内仅有少量积液。由于液体分子的吸附作用，使两层胸膜互相紧贴，从而保证肺能紧贴胸廓内侧，并随着呼吸运动中胸廓的大小而变化。由于肺的被动扩张造成向内的回缩力，使得胸膜腔内压的数值始终低于大气压力，若以大气压为零，则胸膜腔内压为负值，故胸膜腔内压也称为胸膜腔负压。胸膜腔负压的大小随呼吸周期的变化而改变。吸气时肺扩张，回缩力增强，胸膜腔负压加大；呼气时肺缩小，回缩力减小，负压降低。胸膜腔一旦与外界相通而造成气胸，则胸膜腔负压消失，导致肺不张而呼吸困难。

【实验对象】

家兔。

【实验用品】

哺乳类动物手术器械一套、气管插管、保护电极、呼吸换能器、压力换能器、兔手术台、玻璃分针、注射器、50cm 橡皮管、5cm 橡皮管、纱布、手术线、钠石灰瓶、胸内套管、二氧化碳发生器、BL-420F 生物机能实验系统、计算机、20% 氨基甲酸乙酯溶液、3% 乳酸溶液、50% 浓硫酸溶液、碳酸氢钠、生理盐水、尼可刹米注射液。

【实验步骤】

1. 家兔的麻醉与固定　具体步骤参见实验一。

2. 手术

（1）气管插管　具体步骤参见实验二。

（2）分离迷走神经　在颈部用玻璃分针分离出迷走神经，并在下方穿线备用。具体分离技术参见实验二。手术完毕后用温热生理盐水纱布覆盖手术伤口部位。

（3）插胸内套管　在兔右胸腋前线第 4～5 肋骨之间，沿肋骨上缘做一长 2cm 的皮肤切口，用止血钳把插入点处的表层肌肉稍稍分离。将胸内套管的箭头形尖端从肋间插入胸膜腔，此时可记录到胸膜腔内压曲线向零线下移位并随呼吸运动升高和降低的曲线（说明胸内套管已插入胸膜腔内），迅速将套管的箭头形尖端旋转 90° 并向外牵引，使其后缘紧贴胸廓内壁，将套管的长方形固定片同肋骨方向垂直，旋紧固定螺丝，使胸膜腔保持密封。将胸内套管尾端的塑料套管连至压力换能器（套管内不充灌生理盐水）。

3. 连接实验仪器　将呼吸换能器连接到 BL-420F 生物机能实验系统第 1 通道上，记录呼吸运动曲线。将压力换能器连接到 BL-420F 生物机能实验系统第 2 通道上，记录胸膜腔内压曲线。

4. 选择实验项目　打开计算机，启动 BL-420F 生物机能实验系统，在菜单条点击"输入信号"菜单，1 通道选择"呼吸"，2 通道选择"压力"，点击"开始"图标，按系统默认参数进入实验项目。

5. 观察项目

（1）平静呼吸　记录呼吸运动和胸膜腔内压曲线，读出胸膜腔内压数值，比较吸气时和呼气时的胸膜腔内压大小。

（2）用力呼吸　在平静吸气末和呼气末，夹闭气管插管与呼吸换能器相连的橡胶管。此时动物虽用力呼吸，但不能呼出肺内气体或吸入外界气体，处于憋气的用力呼吸状态。观察和记录此时呼吸运动和胸膜腔内压曲线的最大幅度，尤其注意观察用力呼气时胸膜腔内压是否高于大气压。

（3）增加吸入气中 CO_2 浓度　待家兔呼吸恢复平稳，将 CO_2 发生瓶的胶塞打开，放入少许碳酸氢钠和 50% 浓硫酸，待有气泡产生时，盖上胶塞。将 CO_2 发生瓶上一侧连有螺旋夹的乳胶管与气管插管的侧管相连，逐渐松开螺旋夹，使 CO_2 气流缓慢地进入气管，观察家兔吸入高浓度 CO_2 对呼吸运动和胸膜腔内压的影响。

（4）低 O_2　待家兔呼吸恢复平稳，将气管插管的侧管通过钠石灰瓶与盛有一定容量空气的气囊相连。家兔呼吸时，吸入气囊空气中的 O_2，呼出的 CO_2 被钠石灰吸收。因此，呼吸一段时间，气囊内的 O_2 越来越少，但 CO_2 含量并没有增多。观察动物低 O_2

时呼吸运动和胸膜腔内压的变化情况。

（5）增大无效腔　待家兔呼吸恢复平稳，将50cm长的橡皮管连接在气管插管的侧管上，家兔通过此橡皮管进行呼吸，相当于增加了无效腔。观察经一段时间后家兔的呼吸运动和胸膜腔内压的变化。

（6）血中酸性物质增多　待家兔呼吸恢复平稳，经家兔耳缘静脉较快地注入3%乳酸2mL，观察家兔呼吸运动和胸膜腔内压的变化。

（7）注射尼可刹米　待家兔呼吸恢复平稳，经家兔耳缘静脉注入稀释的尼可刹米1mL（内含50mg尼可刹米），观察家兔呼吸运动和胸膜腔内压的变化。

（8）迷走神经在呼吸运动中的作用　待家兔呼吸恢复平稳后，切断一侧迷走神经，观察呼吸运动和胸膜腔内压有何变化。之后，再切断另一侧迷走神经，观察呼吸运动和胸膜腔内压曲线的变化。然后将一侧迷走神经中枢端搭在保护电极上，用中等强度电压串刺激迷走神经10s，再观察呼吸运动和胸膜腔内压的变化。

（9）气胸　剪开家兔前胸皮肤和肌肉，切断肋骨，打开一侧胸腔，使胸膜腔与大气相通，引起气胸。观察呼吸运动与胸膜腔内压的变化情况。

各种因素对家兔呼吸运动的影响参见图50-1。

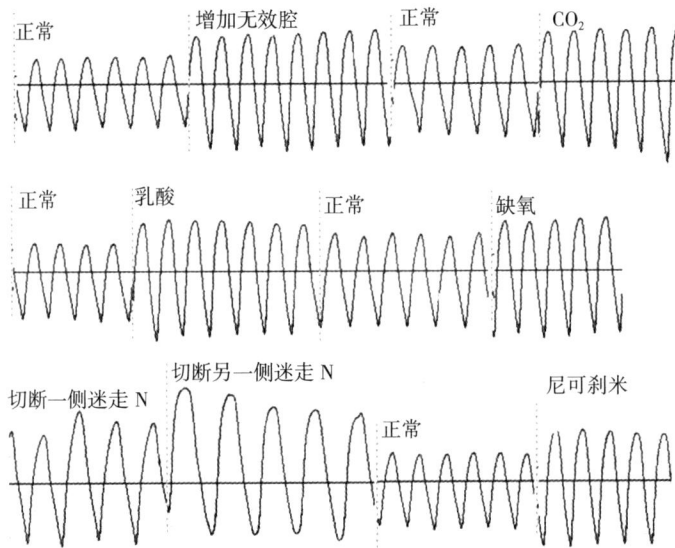

图50-1　呼吸曲线

整个实验操作过程见图50-2。

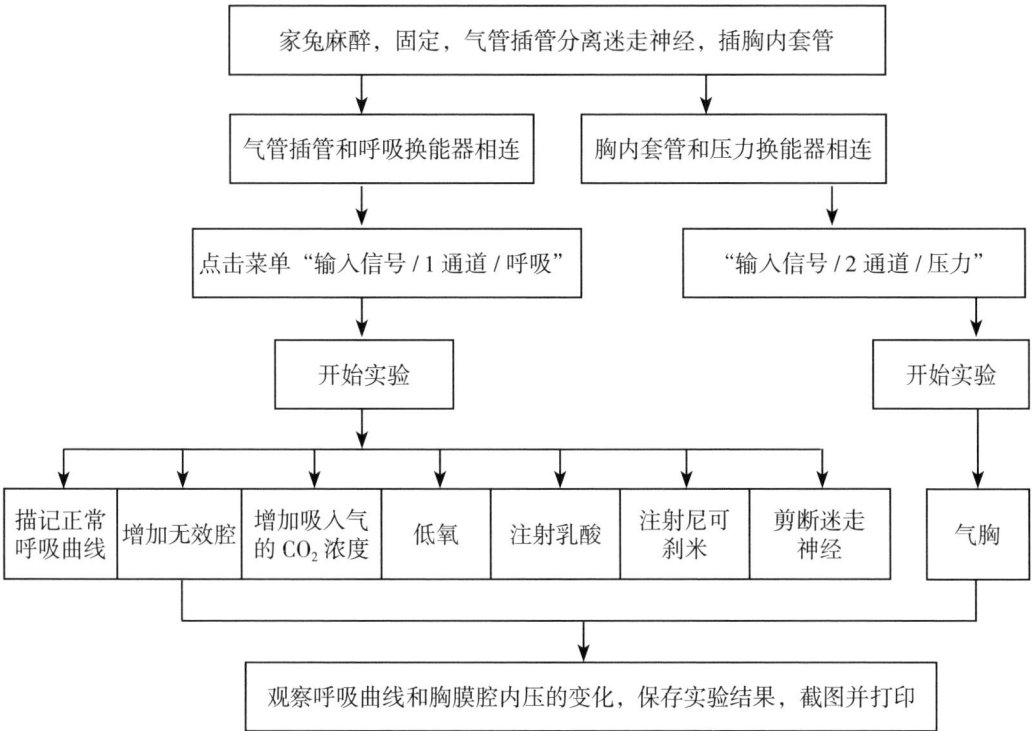

图 50-2　家兔呼吸运动的调节与胸膜腔内压的观察实验步骤图

【注意事项】

1. 气管插管前，应先将气管分泌物清理干净再进行插管，插管过程中应密切观察家兔呼吸。

2. 每个观察项目均应在动物平静呼吸的基础上进行，以便有正常描记曲线作对照，且观察时间不宜过长，出现效应后应立即去掉刺激因素，待呼吸运动恢复正常后再进行下一项观察。

3. 刺激迷走神经的强度不宜过大，以免因刺激强度过强而造成动物全身肌肉紧张，影响实验结果。

4. 插胸内套管时，切口不宜过大，动作要迅速，以免过多空气漏入胸膜腔。

5. 在曲线描记过程中，不应移动动物，如确需移动实验动物或动物剧烈挣扎，则要再次调整描记系统。

【思考与练习】

1. 平静呼吸时，如何确定呼吸运动曲线与吸气和呼气运动的对应关系？

2. 二氧化碳增多、低氧和乳酸增多对呼吸运动有何影响？其反射性调节途径分别是什么？

3. 迷走神经在节律性呼吸运动中起什么作用？其作用原理是什么？切断两侧迷走神经前后，呼吸运动有何变化？

4. 静脉注射尼可刹米对家兔呼吸运动的频率和深度有何影响？其作用机制是什么？

5. 何为无效腔？增大无效腔对家兔呼吸的频率和深度有何影响？

6. 比较吸气、呼气、用力呼吸时的胸膜腔内压有何区别？为什么？

7. 在平静呼吸时，胸膜腔内压为何始终低于大气压？在什么情况下胸膜腔内压可高于大气压？

8. 分析胸膜腔内压形成的机制及其生理意义。

实验五十一　兔膈神经放电 ▷▷▷

【实验目的】

1. 掌握记录家兔在体膈神经放电的生理学实验方法。
2. 熟悉膈神经自发放电与呼吸运动的关系。
3. 了解呼吸节律与中枢的关系和一些刺激因素对膈神经放电的影响。

【实验原理】

呼吸中枢位于脑干，呼吸运动的基本节律来源于呼吸中枢，其节律性活动通过膈神经和肋间神经下传至吸气肌（膈肌和肋间外肌），从而产生节律性呼吸肌舒缩活动，引起呼吸运动。因此引导记录膈神经传出纤维的放电，可直接反映脑干呼吸中枢的活动，同时能加深对呼吸运动调节的认识。

【实验对象】

家兔。

【实验用品】

哺乳类动物手术器械一套、气管插管、神经放电引导电极、保护电极、呼吸换能器、电极支架、U 型皮兜固定架、玻璃分针、注射器、50cm 橡皮管、钠石灰瓶（内装钠石灰）、二氧化碳发生瓶、兔手术台、BL-420F 生物机能实验系统、20% 氨基甲酸乙酯溶液、尼可刹米注射液、3% 乳酸溶液、50% 浓硫酸溶液、碳酸氢钠、生理盐水、医用液体石蜡（加温至 38 ～ 40℃）。

【实验步骤】

1. 手术

（1）麻醉和固定　将家兔用 20% 氨基甲酸乙酯进行麻醉后仰卧位固定于兔台上。具体操作见实验一。

（2）气管插管　具体操作参见实验二。

（3）分离迷走神经　分离两侧迷走神经，穿线备用。具体分离技术参见实验二。

（4）分离颈部膈神经　膈神经由第4、5颈神经的腹支汇合而成。分离时先将动物头颈略倾向对侧，用止血钳在术侧颈外静脉与胸锁乳突肌之间向深处分离直至见到粗大横向的臂丛神经丛。在臂丛的内侧有一条较细的由颈4、5脊神经分出的神经分支，即为膈神经。约在颈部下1/5处，膈神经横过臂丛神经并和它交叉，向后内侧行走，贴在前斜角肌腹缘表面，与气管平行进入胸腔。用玻璃分针在臂丛上方分离膈神经2～3cm，穿线备用。

（5）做人工保护皮兜并安置电极　用止血钳将颈部皮肤及皮下组织向外上方牵拉并缝在皮兜固定架上，做成人工皮兜。皮兜内注满38℃左右液体石蜡（保温、绝缘、防止神经干燥）。用备用线提起膈神经将其搭在引导电极的金属丝上，注意神经不可牵拉过紧。引导电极应适当提高并悬空固定于电极支架上，不要触及周围组织，将接地线就近夹在皮肤切口组织上。

2. 系统连接与参数设置

（1）神经放电引导电极连接到BL-420F生物机能实验系统第1通道上，记录膈神经放电。

（2）气管插管与呼吸换能器相连，接入到BL-420F生物机能实验系统第2通道上，记录呼吸运动变化。

（3）打开BL-420F生物机能实验系统，在菜单条点击"输入信号"菜单，1通道选择"神经放电"，2通道选择"呼吸"，点击"开始"图标，进入实验项目。

（4）根据监听器发出的声音和信号窗口中显示的波形，适当调节膈神经的引导电极位置或实验参数，以获取最佳的实验效果。

3. 观察项目

（1）正常呼吸时的膈神经放电　观察动物正常呼吸运动曲线的频率和幅度与胸廓运动的频率和幅度、膈神经放电曲线的频率与振幅的关系，通过监听器监听与吸气运动相一致的膈神经放电声音（图51-1）。

图51-1　兔膈神经放电

（2）增加无效腔时的膈神经放电　将一50cm长橡胶管连接于气管插管的另一侧管上，观察呼吸运动和膈神经放电曲线的变化及其相互间的关系。出现明显效应后立即去掉橡胶管。

（3）注射尼可刹米后的膈神经放电　由兔耳缘静脉注入稀释的尼可刹米 1mL（内含 50mg 尼可刹米），观察呼吸运动曲线和膈神经放电曲线的变化及其相互间的关系。

（4）肺牵张反射时的膈神经放电

1）肺扩张反射时的膈神经放电　观察一段正常呼吸运动后，在一次呼吸的吸气相之末，用注射器通过气管插管的另一侧管迅速将 20mL 空气注入肺内，使肺维持在扩张状态，观察呼吸运动曲线和膈神经放电曲线的变化及其相互间的关系。出现明显效应后立即去掉注射器，保持呼吸通畅。

2）肺缩小反射时的膈神经放电　当呼吸运动恢复后，在一次呼吸的呼气相之末，用注射器通过气管插管的另一侧管抽取肺内气体约 20mL，使肺维持在萎缩状态，观察呼吸运动曲线和膈神经放电曲线的变化及其相互间的关系。出现明显效应后立即去掉注射器，保持呼吸通畅。

（5）CO_2 浓度升高、低 O_2、H^+ 浓度升高后的膈神经放电　观察 CO_2 浓度升高、低 O_2、H^+ 浓度升高等因素变化时呼吸运动曲线和膈神经放电曲线的变化及其相互间的关系。具体操作方法参见实验五十。

（6）切断迷走神经前后的膈神经放电　先切断一侧迷走神经，观察呼吸运动和膈神经放电的变化及其相互间的关系。再切断另一侧迷走神经，进行同样的观察。然后用保护电极和一侧迷走神经中枢端相连，中等强度电压串刺激迷走神经 10s，观察呼吸运动和膈神经放电的变化。在切断两侧迷走神经后，重复上述肺扩张反射和肺缩小反射的实验，观察呼吸运动及膈神经放电是否发生变化。

整个实验操作过程见图 51-2。

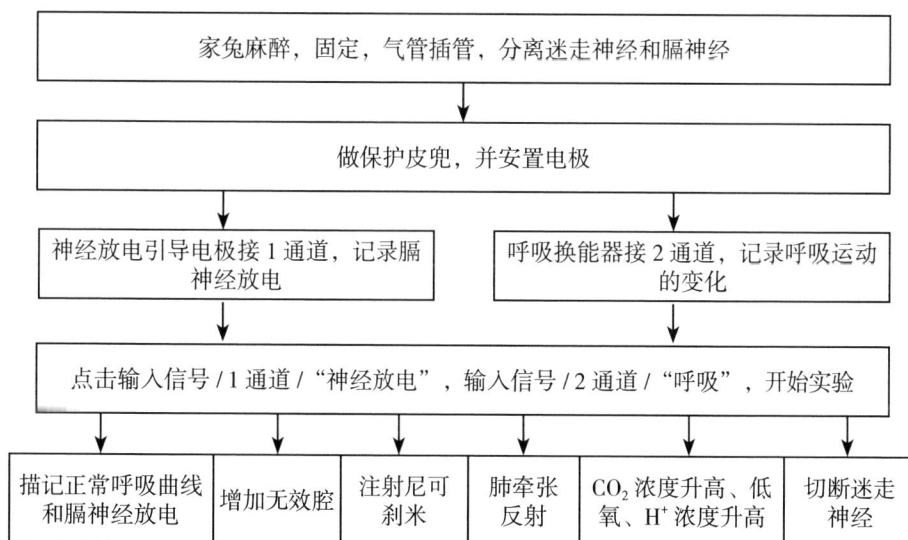

图 51-2　兔膈神经放电实验步骤图

【注意事项】

1. 本实验膈神经的分离是实验成败的关键之一，分离时动作要轻柔，以防损伤，同时分离要干净，不要让凝血块或组织块黏在神经上。

2. 如气温适宜，可不做皮兜，改用温液体石蜡条覆盖在神经上。

3. 引导电极和膈神经连接时应尽量连在膈神经头端，以便神经损伤时可将电极向末梢端移动。

4. 动物和仪器的接地要可靠，以避免电磁干扰对实验结果的影响。

5. 自肺内抽气时，切勿抽气过多或抽气时间过长，以免引起家兔死亡。

6. 每项实验完毕，须待膈神经放电和呼吸运动恢复后，方可继续下一项实验，以便前后对照。

7. 膈神经放电的观察是指群集放电的频率、振幅。呼吸运动的观察是指它的频率和深度。

【思考与练习】

1. 增加无效腔、吸入气 CO_2 浓度升高、低 O_2、H^+ 浓度升高、注射尼可刹米、切断迷走神经干对呼吸运动的频率、深度和膈神经放电频率、振幅各有何影响？为什么？

2. 膈神经与迷走神经在肺牵张反射中各起什么作用？为什么？

3. 本实验结果能否说明膈神经放电与呼吸运动的关系？为什么？

实验五十二　在体小肠平滑肌运动的观察 ▷▷▷

【实验目的】

1. 掌握家兔在体小肠标本的基本制作方法。
2. 掌握神经、体液及温度等因素对消化道平滑肌生理特性的影响。

【实验原理】

消化道平滑肌具有自动节律性和伸展性，对化学物质、温度变化及牵张刺激较为敏感。其生物电，除了具有一般可兴奋组织的静息电位和动作电位外，还有其特有的慢波电位。支配消化道平滑肌的迷走神经释放的神经递质是乙酰胆碱，通过激动肠管平滑肌上的 M 型胆碱能受体引起肠管平滑肌收缩。而且在一定剂量范围内，其收缩强度与乙酰胆碱呈剂量依赖性。阿托品作为 M 型胆碱受体阻断剂，可竞争性地拮抗乙酰胆碱对 M 受体的激动作用。

【实验对象】

家兔。

【实验用品】

哺乳类动物手术器械、气管插管、张力换能器、恒温水浴锅、蛙板、蛙钉、铁架台、烧杯、丝线、纱布、BL-420F 生物机能实验系统、20% 氨基甲酸乙酯、乐氏液、1∶10 000 肾上腺素溶液、1∶10 000 乙酰胆碱溶液、1∶10 000 阿托品溶液、3% 乳酸溶液，生理盐水。

【实验步骤】

1. 麻醉和固定　用 20% 氨基甲酸乙酯将实验动物麻醉后，仰卧位固定于兔台上。具体操作参见实验一。

2. 气管插管　具体操作步骤参见实验二

3. 腹部手术及系统连接　将家兔中上腹部剪毛备皮，从胸骨剑突位置下 4cm 处沿腹部正中线向下切开皮肤，切口长度 4～5cm，然后沿腹白线打开腹腔，找到胃下后部位的小肠，将小肠拉出腹腔。用蛙钉将一段长约 5cm 长的肠管固定在兔身旁的蛙板上，用约 20cm 长的手术线环绕小肠打结，将小肠轻轻吊起与铁架台上的张力换能器连接，接入 BL-420F 生物机能实验系统"1 通道"上。

打开计算机，启动 BL-420F 生物机能实验系统，在菜单条点击"输入信号"菜单，1 通道选择"张力"，点击工具栏"开始"图标，进入实验观察项目。

4. 观察项目

（1）自动节律性收缩曲线 描记一段在体小肠平滑肌的自动节律性收缩曲线并观察其收缩的紧张性、节律、波形、频率和幅度。在观察时注意收缩曲线的基线水平，基线升高，表示小肠平滑肌紧张性升高；相反，则表示紧张性降低。在体小肠平滑肌的运动曲线由于受呼吸的影响，所以存在一级波和二级波（图 52-1）。

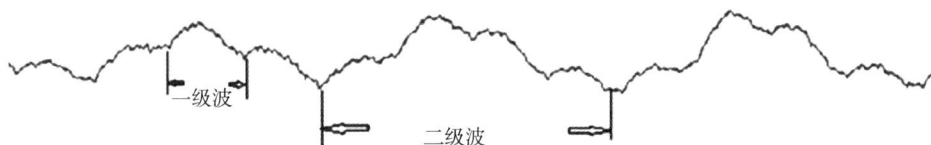

一级波

二级波

图 52-1 在体小肠平滑肌的运动曲线

一级波代表呼吸曲线，二级波代表小肠平滑肌的运动曲线

（2）温度的作用 将在体小肠表面滴加 25℃乐氏液，观察收缩曲线的情况，具体观察指标同观察项目（1）。更换成 42℃乐氏液，观察小肠平滑肌收缩曲线的变化。最后再更换成 38℃乐氏液至小肠平滑肌的收缩曲线恢复正常。

（3）乙酰胆碱的作用 用滴管向在体小肠表面滴 1：10 000 乙酰胆碱溶液 2 滴，观察指标同观察项目（1）。观察到明显效应后，立即用 38℃乐氏液稀释并洗涤在体小肠表面的乙酰胆碱。

（4）阿托品的作用 用滴管向在体小肠表面滴 1:10 000 阿托品溶液 2～4 滴，再迅速滴加 1：10 000 乙酰胆碱溶液 2 滴，观察指标同观察项目（1）。观察到明显效应后，立即用生理盐水稀释并洗涤在体小肠表面的阿托品。

（5）肾上腺素的作用 用滴管向在体小肠表面滴 1：10 000 肾上腺素溶液 2 滴，观察指标同观察项目（1）。观察到明显效应后，立即用生理盐水稀释并洗涤在体小肠表面的肾上腺素。

（6）血中酸性物质增多 耳缘静脉快速注射 3% 乳酸 (1mL/kg)，观察指标同上。

实验操作步骤见图 52-2。

```
┌─────────────────────────────────────────────┐
│              家兔麻醉，固定                    │
└─────────────────────────────────────────────┘
                      ↓
┌─────────────────────────────────────────────┐
│      打开腹腔，暴露小肠，并将其与张力换能器相连接      │
└─────────────────────────────────────────────┘
                      ↓
┌─────────────────────────────────────────────┐
│     点击菜单"输入信号 /1 通道 / 张力"，开始实验        │
└─────────────────────────────────────────────┘
    ↓      ↓       ↓        ↓        ↓       ↓
┌──────┬──────┬──────┬─────────┬──────┬──────┐
│描记正常小│分别滴加25℃│滴加乙酰│先滴加阿托品后│滴加肾上│耳缘静脉│
│肠运动曲线│和42℃乐氏液│胆碱   │再滴加乙酰胆碱│腺素   │注射乳酸│
└──────┴──────┴──────┴─────────┴──────┴──────┘
                      ↓
┌─────────────────────────────────────────────┐
│  观察小肠平滑肌运动曲线的变化，保存实验结果，截图并打印    │
└─────────────────────────────────────────────┘
```

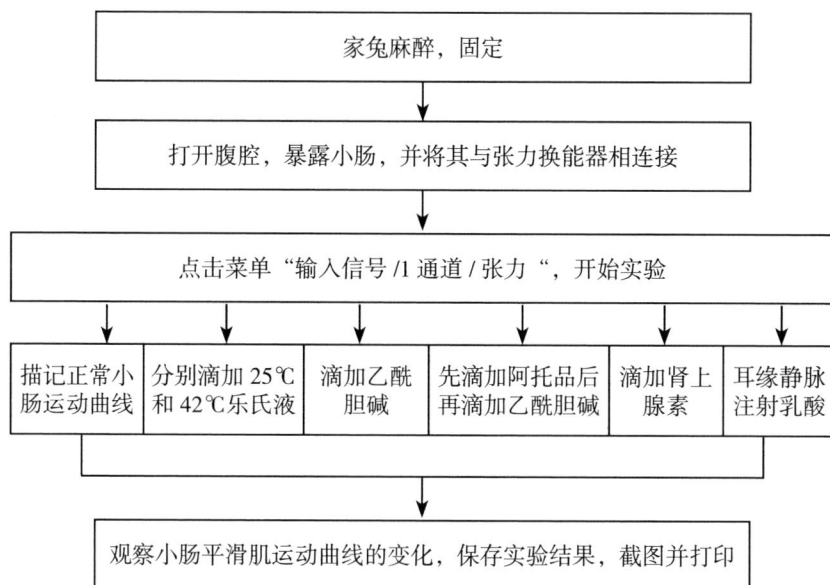

图 52–2　在体小肠平滑肌运动观察的实验步骤

【注意事项】

1. 实验观察过程中，腹腔的开口用止血钳封闭，并用温热的生理盐水纱布覆盖，以免热量和水分的散失导致体温下降，影响实验结果。

2. 实验所用试剂应放在 37℃恒温水浴锅内保持恒温，避免试剂的温度干扰实验结果。

3. 实验中试剂的用量应严格控制（量过大可能出现相反的结果）。实验效果出现后，立即用乐氏液或生理盐水冲洗肠管，以免平滑肌出现不可逆反应。

4. 待肠段恢复正常后再进行下一项目观察。

5. 实验动物应先禁食 24h，于实验前 1h 饲喂食物。

【思考与练习】

1. 阿托品、乙酰胆碱、肾上腺素对小肠平滑肌的收缩曲线有何影响？其机制是什么？

2. 温度改变对小肠平滑肌收缩曲线有何影响？

3. 加入阿托品后再加入乙酰胆碱对小肠平滑肌的收缩曲线各有何影响？为什么？如将加药顺序颠倒，小肠平滑肌的收缩曲线将如何改变？为什么？

4. 小肠内环境酸碱度的改变对小肠平滑肌收缩有何影响？

实验五十三　离体小肠平滑肌运动的观察 ▷▷▷

【实验目的】

1. 掌握家兔离体小肠标本的基本制作方法。

2. 熟悉应用恒温平滑肌槽或麦氏浴槽研究离体小肠平滑肌一般生理特性的实验方法。

3. 了解温度及神经体液等因素对消化道平滑肌生理特性的影响。

【实验原理】

离体小肠平滑肌在适宜的环境中可保持其活性，呈现与在体小肠平滑肌相似的生理特性。其仍能进行节律性活动，且随环境变化而发生改变。本实验观察离体小肠平滑肌在模拟内环境（离子成分、晶体渗透压、酸碱度、温度、氧分压等方面类似于内环境）中的活动情况。同时研究某些神经、体液因素及内环境理化因素的改变对消化道平滑肌自动节律性、伸展性和收缩性等生理特性的影响。

【实验对象】

家兔。

【实验用品】

哺乳类动物手术器械、恒温平滑肌槽、张力换能器、氧气瓶、螺旋夹、玻璃分针、烧杯、温度计、乳胶管、BL-420F 生物机能实验系统、20％氨基甲酸乙酯、乐氏液、1：10 000 肾上腺素溶液、1：10 000 乙酰胆碱溶液、1：10 000 阿托品溶液、1mol/L 盐酸溶液、1mol/L 氢氧化钠溶液。

【实验步骤】

1. 恒温平滑肌槽的准备　在恒温平滑肌槽的中心管加入乐氏液，外部容器中加装温水，开启电源加热，浴槽温度将自动稳定在 38℃左右。将浴槽通气管与氧气瓶相连接，调节橡皮管上的螺旋夹，使气泡一个接一个地通过中心管，为乐氏液供氧。

2. 离体小肠标本制作　将家兔麻醉后，仰卧位固定，在中上腹部打开腹腔，以胃幽门与十二指肠交界处为起点，迅速将肠系膜沿肠缘剪去，再剪取 20 ～ 30cm 肠管。肠段取出后，置于 38℃左右乐氏液内轻轻漂洗，用手在肠管外壁轻轻挤压以除去肠管内容物。将漂洗干净的肠管放于 38℃乐氏液中，当肠管出现明显活动时，将其剪成 3 ～ 4cm 长的肠段。

3. 标本安装 取出一段肠段，用线结扎其两端，迅速将小肠一端的手术线固定于通气管的挂钩上，另一端固定于张力换能器上。调节换能器的高度，使肠段拉伸，注意牵拉勿过紧或过松（图 53-1）。

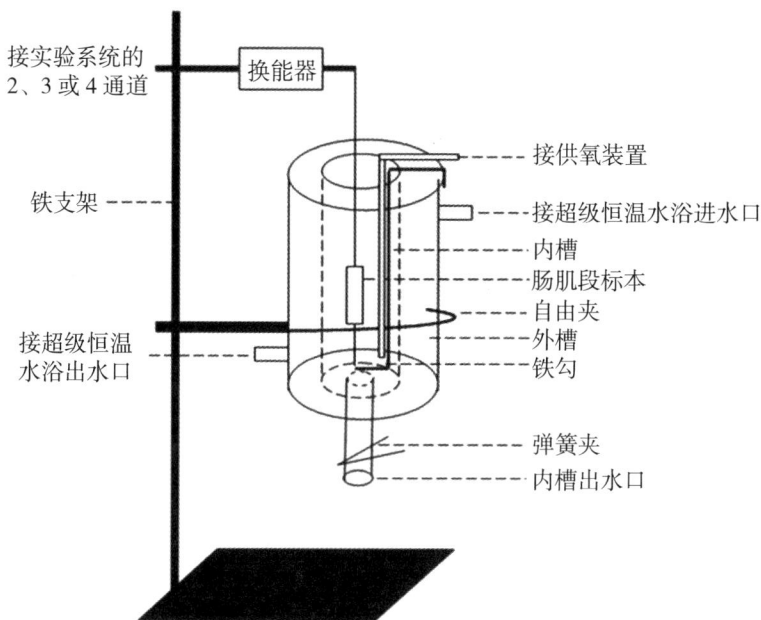

图 53-1 恒温平滑肌槽

4. 连接实验仪器装置 张力换能器连接到 BL-420F 生物机能实验系统"1 通道"。

打开计算机，启动 BL-420F 生物机能实验系统，在菜单条点击"输入信号 /1 通道 / 张力"，点击"开始"图标，进入实验项目。

5. 观察项目

（1）自动节律性收缩曲线 描记一段离体小肠平滑肌的自动节律性收缩曲线，并观察其收缩的紧张性、节律、波形、频率和幅度。注意收缩曲线的基线水平，基线升高，表示小肠平滑肌紧张性升高；相反，则表示紧张性降低。

（2）温度的作用 将浴槽中的乐氏液更换成 25℃乐氏液，观察离体小肠平滑肌收缩曲线的变化。再更换成 42℃乐氏液，观察曲线的变化。最后，再更换成 38℃乐氏液至小肠平滑肌的收缩曲线恢复正常。

（3）乙酰胆碱的作用 用滴管向浴槽内小肠表面滴 1 ∶ 10 000 乙酰胆碱溶液 2 滴，观察指标同上。观察到明显效应后，立即从浴槽排水管放出含有乙酰胆碱的乐氏液，加入预先准备好的 38℃乐氏液。

（4）阿托品的作用 重复更换 2 ～ 3 次 38℃乐氏液，使残留的乙酰胆碱达到无效浓度。待小肠平滑肌的收缩曲线恢复至对照水平时，向浴槽内滴入 1 ∶ 10 000 阿托品溶液 2 ～ 4 滴，观察指标同上。观察到明显效应后，再加入 1 ∶ 10 000 乙酰胆碱溶液 2 滴，观察小肠平滑肌的收缩曲线有无变化。

（5）肾上腺素的作用　更换 2 ～ 3 次 38℃乐氏液，待小肠平滑肌的收缩曲线恢复至对照水平时，在浴槽中加入 1 ∶ 10 000 肾上腺素溶液 2 滴，观察指标同上。

（6）盐酸的作用　更换 2 ～ 3 次 38℃乐氏液，待小肠平滑肌的收缩曲线恢复至对照水平时，在浴槽中加入 1mol/L 盐酸溶液 2 滴。观察指标同上。

（7）氢氧化钠的作用　更换 2 ～ 3 次 38℃乐氏液，待小肠平滑肌的收缩曲线恢复至对照水平时，在浴槽中加入 1mol/L 氢氧化钠溶液 2 滴。观察指标同上。

整个实验步骤见图 53-2。

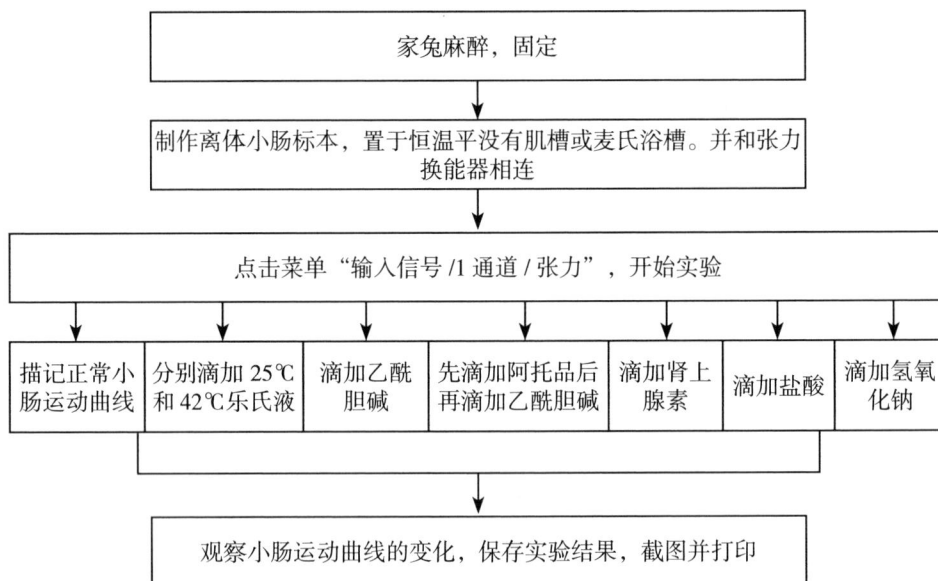

```
┌─────────────────────────────────────────┐
│              家兔麻醉，固定                  │
└─────────────────────────────────────────┘
                     ↓
┌─────────────────────────────────────────┐
│ 制作离体小肠标本，置于恒温平没有肌槽或麦氏浴槽。并和张力 │
│ 换能器相连                                  │
└─────────────────────────────────────────┘
                     ↓
┌─────────────────────────────────────────┐
│ 点击菜单"输入信号/1 通道/张力"，开始实验        │
└─────────────────────────────────────────┘
   ↓    ↓      ↓       ↓        ↓     ↓     ↓
┌────┬────┬────┬──────┬────┬────┬────┐
│描记正常小│分别滴加25℃│滴加乙酰│先滴加阿托品后│滴加肾上│滴加盐酸│滴加氢氧│
│肠运动曲线│和42℃乐氏液│胆碱  │再滴加乙酰胆碱│腺素  │      │化钠  │
└────┴────┴────┴──────┴────┴────┴────┘
                     ↓
┌─────────────────────────────────────────┐
│ 观察小肠运动曲线的变化，保存实验结果，截图并打印    │
└─────────────────────────────────────────┘
```

图 53-2　离体小肠平滑肌运动的观察实验步骤

【注意事项】

1. 标本与张力换能器的连线必须垂直，且不接触其他物体，以免摩擦影响记录。

2. 调节通氧速度时，宜使氧气气泡从通气管前端呈单个而不是成串逸出，以免振动悬线影响实验结果。

3. 实验过程中应力求保持乐氏液的温度稳定（38℃）、液面的高度固定、通氧速度恒定。

4. 实验效果明显后，更换乐氏液要快，以免平滑肌出现不可逆反应。

5. 恒温槽中禁止无水加热。

【思考与练习】

1. 离体小肠为什么具有自律性运动?

2. 维持家兔离体小肠标本活性需要什么条件?

3. 阿托品、乙酰胆碱、肾上腺素分别对小肠平滑肌的收缩曲线有何影响? 其机制是什么。

4. 加入阿托品后再加入乙酰胆碱对小肠平滑肌的收缩曲线有何影响? 为什么? 如将加药顺序颠倒, 小肠平滑肌的收缩曲线将如何改变? 为什么?

5. 小肠内环境的理化因素与小肠平滑肌生理特点有何联系?

实验五十四　兔胃运动的观察 ▷▷▷▷

【实验目的】

1. 掌握描记家兔胃自主运动曲线的实验方法。
2. 了解胃运动的各种形式。
3. 熟悉神经、体液因素及针刺对胃运动的调节作用。

【实验原理】

胃的运动形式有紧张性收缩、容受性舒张和蠕动。在体内，胃运动的强弱受到神经、体液等多种因素的影响和调节，从而适应环境因素的变化。胃的运动受交感神经和副交感神经（迷走神经）双重调节。交感神经释放去甲肾上腺素，作用于胃的平滑肌和括约肌的 β_2 受体，使其运动减弱；副交感神经释放乙酰胆碱，作用于胃的平滑肌和括约肌的 M 受体，使其运动加强。针刺足三里也能影响胃的运动。

【实验对象】

家兔。

【实验用品】

哺乳类动物手术器械、保护电极、电刺激器、张力换能器（或压力换能器）、兔手术台、小号导尿管、橡皮囊、三通开关、注射器、3～6cm 针灸针、纱布、棉花、手术线、BL-420F 生物机能实验系统、20% 氨基甲酸乙酯溶液、1∶10 000 乙酰胆碱溶液、1∶10 000 肾上腺素溶液、阿托品、生理盐水。

【实验步骤】

1. 家兔的麻醉与固定　具体步骤参见实验一。
2. 气管插管　具体步骤参见实验二。
3. 分离膈下迷走神经前支　将剑突下正中区域被毛剪掉，自剑突位置沿腹正中线切开腹壁皮肤 10cm，再沿腹白线打开腹腔，暴露胃和肠，在膈下食管的末端左前侧找出膈下迷走神经前支，分离后穿一条细线备用。

4. 分离内脏大神经（交感神经）　以温热的生理盐水纱布将腹腔脏器推向右侧，在左侧腹后壁肾上腺的上方找出左侧内脏大神经，分离后，下穿一条细线备用。内脏大神经分离术的操作步骤参见实验二。

5. 胃运动曲线描记　胃的运动有以下两种记录方式：

（1）胃内插管法　该方法通过胃内插管记录胃内压力的变化来描计胃的运动。将前端缚有小橡皮囊的导尿管由口腔经食管插入胃内，一般家兔插入约20cm。将胃内插管经三通开关连到压力换能器（套管内不充灌生理盐水）。从三通开关的侧管向插管注入气体，使囊内压力升到1kPa左右，关闭三通开关的侧管。

打开计算机，启动BL-420F生物机能实验系统，在菜单条点击"输入信号"菜单，1通道选择"压力"，点击"开始"图标，进入实验项目。

（2）直接描记法　将胃通过丝线与张力换能器连接，直接描计胃的运动。用缝合针在胃壁上穿线，不穿透胃壁，打一小结，做成一小环，将该环与张力换能器相连。打开BL-420F生物机能实验系统，在菜单条点击"输入信号"菜单，2通道选择"张力"，点击"开始"图标，进入实验项目。

6. 观察项目

（1）记录正常胃运动曲线　观察正常情况下胃的运动形式并记录胃运动曲线。

（2）刺激内脏大神经　用中等强度串刺激内脏大神经1～5min，观察胃肠运动的变化。

（3）刺激膈下迷走神经前支　用中等强度电压串刺激膈下迷走神经1～3min，观察胃运动的改变。

（4）注射乙酰胆碱　由家兔耳缘静脉注射1：10 000乙酰胆碱溶液0.5mL，观察并记录注射乙酰胆碱对胃运动曲线的影响。

（5）注射肾上腺素　由家兔耳缘静脉注射或在胃部直接滴加1：10 000肾上腺素溶液0.3mL，观察并记录注射肾上腺素对胃运动曲线的影响。

（6）注射阿托品　先刺激迷走神经，胃运动明显增强时，从耳缘静脉注射阿托品0.5～1.0mg，观察并记录注射阿托品对胃运动曲线的影响。重复观察项目（3）（4），观察并记录注射阿托品后，上述观察项目与未注射阿托品时胃运动曲线的变化。

（7）针刺足三里穴　足三里穴在家兔胫骨前结节下1cm，向外0.5cm处。针刺足三里穴，留针15min，并经常捻转。观察并记录胃运动曲线的变化。

整个实验步骤见图54-1。

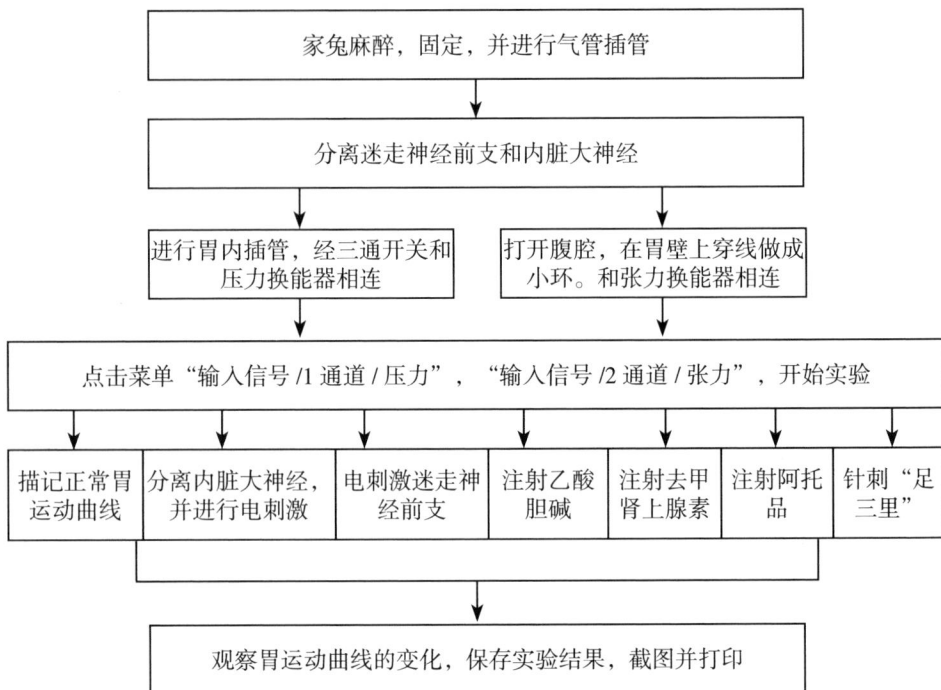

图 54-1　兔胃运动的观察实验步骤图

【注意事项】

1.实验过程中应随时用温热的生理盐水湿润胃肠，防止胃肠在空气中暴露时间过长，导致腹腔温度下降和表面干燥。

2.动物麻醉不宜过深，以免影响胃的运动。

3.胃内插管时，防止插管插入气管。

4.每一实验项目前必须有同期正常对照，待胃运动曲线恢复正常后，再进行下一项实验。

【思考与练习】

1.家兔胃正常运动曲线有何特征？

2.刺激迷走神经对胃运动曲线有何影响？简述其作用机制。

3.注射乙酰胆碱、阿托品和肾上腺素分别对胃运动曲线有何影响？试述其机制。

4.试用中医学理论和西医学理论分别解释针刺足三里穴对胃运动的影响。

实验五十五　影响尿生成的因素 ▷▷▷

【实验目的】

1. 掌握家兔输尿管插管和膀胱插管等手术方法。
2. 熟悉尿生成的过程及机制。
3. 熟悉神经调节、体液调节及自身调节对尿生成的影响。

【实验原理】

尿的生成过程包括肾小球滤过、肾小管和集合管重吸收及分泌、排泄过程。肾小球滤过作用受滤过膜通透性及面积、肾小球有效滤过压和肾小球血浆流量等因素的影响。肾小管和集合管的重吸收受小管液的溶质浓度和血液中血管升压素及肾素 – 血管紧张素 – 醛固酮系统等因素的影响。凡能影响上述各种因素者，均可影响尿的生成。

肾脏受交感神经的单一支配，可以通过影响肾小球滤过、肾小管和集合管重吸收，以及影响体液环节直接或间接地调节尿生成过程。交感神经兴奋时，释放去甲肾上腺素，作用于入球小动脉和出球小动脉平滑肌的 α 受体，使小动脉收缩，血流减少，肾小球有效滤过压下降而滤过率降低；还可激活 β 受体促进球旁细胞释放肾素，增强肾素 – 血管紧张素 – 醛固酮系统的活动，进而增强肾小管对 NaCl 和水的重吸收。通过作用于近端小管和髓袢细胞膜上的肾上腺素能受体，可以增加近端小管和髓袢上皮细胞对 Na^+、Cl^- 和水的重吸收。以上影响最终可使尿量减少。

休液调节主要是抗利尿激素和醛固酮，它们主要作用于远曲小管和集合管而影响尿的生成。抗利尿激素促进远曲小管和集合管对水的重吸收，而醛固酮则起到保钠排钾保水的作用。

尿生成的自身调节机制主要是渗透性利尿，即小管液渗透压升高而对抗肾小管重吸收水分所引起的尿量增多现象。

【实验对象】

家兔。

【实验用品】

哺乳动物手术器械、气管插管、动脉插管、膀胱漏斗、输尿管插管、压力换能器、记滴器、尿糖试纸、注射器、丝线、纱布、兔手术台 BL-420F 生物机能实验系统、20%氨基甲酸乙酯溶液、0.1%肝素溶液、20%葡萄糖溶液、1∶10 000 去甲肾上腺素溶液、垂体后叶素、呋塞米、生理盐水。

【实验步骤】

1. 一般手术操作

（1）麻醉和固定　具体操作参见实验一。

（2）气管插管　进行气管插管建立呼吸通道。具体操作参见实验二。

（3）左侧颈总动脉插管　在气管旁分离左侧颈总动脉，将充满肝素生理盐水的动脉插管（已连接压力换能器）插入颈总动脉内。具体操作参见实验二。

（4）分离迷走神经　分离颈部两侧迷走神经，穿线备用。具体操作参见实验二。

2. 尿液收集方法

（1）膀胱插管法　腹部剪毛，自耻骨联合上缘沿正中线向上做一长约 5cm 的皮肤切口，再沿腹白线剪开腹壁肌肉和腹膜（勿损伤腹腔脏器），找到膀胱，将膀胱慢慢向下翻转移出体外腹壁上。先辨认清楚膀胱和输尿管的解剖部位，用丝线结扎膀胱颈部，阻断与尿道的通路（依据实践经验，此步骤可以省略）。在膀胱顶部选择血管较少处剪一纵向小切口，插入膀胱漏斗，膀胱漏斗的喇叭口应对着输尿管开口处并紧贴膀胱壁，但不要堵塞输尿管。将膀胱壁用丝线结扎固定于膀胱漏斗的凹槽上，膀胱漏斗的另一端则用导管连接至计滴器，或直接用计时器记录尿的滴数。手术完毕，用止血钳封闭腹腔切口并用 37℃的温生理盐水纱布覆盖腹部创口，防止热量和水分的散失。

（2）输尿管插管法　同上述膀胱插管法切开腹壁将膀胱轻移至腹壁上。暴露膀胱三角，在膀胱底部找出两侧输尿管，并分离一小段输尿管。用线将输尿管近膀胱端结扎，然后在结扎上方的管壁处剪一"V"型小切口，把充满生理盐水的输尿管插管向肾脏方向插入输尿管内，用线结扎、固定。再以同样的方法插好另一侧输尿管。两侧的输尿管插管可用 Y 形管连起来，然后连到记滴器上。此时，可看到尿液从插管中慢慢逐滴流出。手术完毕，将膀胱与脏器送回腹腔，用温生理盐水纱布覆盖在腹部创口上，以保持腹腔内温度。

3. 系统连接与参数设置

（1）将连接动脉插管的压力换能器连至 BL-420F 生物机能实验系统第 1 通道上，记录动脉血压曲线。记滴器插入计滴插口记录尿量。

（2）打开 BL-420F 生物机能实验系统，在菜单条点击"实验项目"/"影响尿液生成的因素"，开始试验。

4. 观察项目

（1）记录基础尿量（滴／分）　记录实验前动物的基础尿量作为正常对照数据。同步记录动脉血压曲线。

（2）注射生理盐水 从耳缘静脉迅速注入37℃生理盐水20mL，观察记录尿量的变化，同步记录动脉血压曲线的变化。

（3）注射20%葡萄糖溶液 用尿液检验试纸接取1滴尿液进行尿糖测定，然后从耳缘静脉注射20%葡萄糖溶液5mL，观察、记录尿量的变化，同步记录动脉血压曲线的变化。在尿量明显增多时，再用尿液检验试纸接取1滴尿液进行尿糖测定。

（4）注射去甲肾上腺素 从耳缘静脉注射1∶10 000去甲肾上腺素溶液0.5mL，观察记录尿量的变化，同步记录动脉血压曲线的变化。

（5）静脉注射呋塞米 从耳缘静脉注射呋塞米（5mg/kg），观察、记录尿量和动脉血压的变化。

（6）注射垂体后叶素 从耳缘静脉注射垂体后叶素2个单位，观察、记录尿量的变化，同步记录动脉血压曲线的变化。

（7）剪断右侧颈迷走神经 剪断右侧颈迷走神经，以中等强度电压串刺激迷走神经的外周端，使动脉血压下降并维持在5.33～6.67kPa水平30～60s，观察、记录尿量的变化，同步记录动脉血压曲线（kPa）的变化。

（8）动脉插管放血 分离一侧股动脉，插管放血，使动脉血压迅速下降至10.7kPa以下，观察并记录尿量的变化，同步记录动脉血压曲线的变化。当停止放血后，继续记录一段时间的尿量和血压曲线。股动脉分离术参见实验二。

（9）补充循环血量 从耳缘静脉注入37℃生理盐水以补充循环血量，观察并记录尿量的变化，同步记录动脉血压曲线的变化。

整个实验步骤见图55-1。

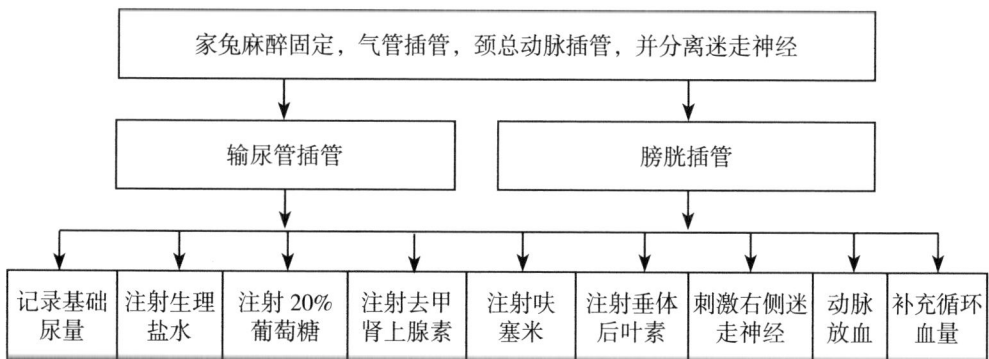

图 55-1 影响尿液生成的因素实验步骤图

【注意事项】

1.为保证动物在实验时有充分的尿液排出，实验前多给家兔喂青菜，或用橡皮导管向胃灌入清水40～50mL，以增加其基础尿量。

2.手术操作要轻柔，腹部切口不可过大，注意勿伤及内脏。

3. 输尿管插管时，应仔细辨认输尿管，要将插管插入输尿管管腔内，注意不要插入管壁与周围结缔组织间，也不要过度牵拉和扭曲输尿管，以免因输尿管挛缩而不能导出尿液。

4. 膀胱导尿时，如果没有进行膀胱颈部的结扎，需要适当垫高臀部，并要留意是否有尿液从尿道排出。

5. 本实验需多次进行兔耳缘静脉注射，故需注意保护耳缘静脉，开始静脉穿刺时应尽量从远心端开始，以后再次穿刺逐步向近心端移行，以免造成后期穿刺困难和血管漏液。必要时也可用静脉留置针，或在股静脉插管进行输液和注射药品。

6. 每项实验前均应有对照数据和记录，原则上是前一项药物作用基本消失，尿量和血压基本恢复到正常水平后再进行下一项实验。

【思考与练习】

1. 本实验哪些因素是通过影响肾小球滤过作用而影响尿量？哪些因素是通过影响肾小管和集合管的重吸收作用而影响尿量？各因素的调节机制是什么？

2. 实验采用尿量和动脉血压曲线同步记录的方法有何意义？能说明什么问题？

实验五十六 自主性神经递质的释放 ▷▷▷▷

【实验目的】

1. 掌握在体蛙心灌流技术。
2. 了解神经递质的发现过程。

【实验原理】

1921 年，Otto Loewi 在实验中将两个蛙心用任氏液灌流系统连接起来，当刺激甲蛙心的迷走神经时，该心的搏动受到抑制，随后乙蛙心的搏动也受到抑制，这意味着在甲蛙心的迷走神经受到刺激时释放了某种化学物质经灌流液而传递到乙蛙心。这个实验确凿地证明了神经冲动传递是通过神经末梢释放化学物质即神经递质来实现的。

【实验对象】

蛙或蟾蜍 2 只。

【实验用品】

蛙类手术器械、蛙心夹、张力换能器、保护电极、特制蛙心插管、特制 T 形管、滴管、螺旋夹、气门芯、500mL 下口抽滤瓶、BL-420F 生物机能实验系统、任氏液、0.002% 毒扁豆碱任氏液、1：100 000 阿托品任氏液。

【实验步骤】

1. 动物准备 取两只蛙或蟾蜍破坏脑和脊髓，仰卧位固定在蛙板上。

2. 分离迷走交感神经干 剪开一侧的下颌角与前肢之间的皮肤，分离提肩胛肌并小心剪断，在其深部寻找一血管神经束，内有动脉、静脉和迷走交感神经干，分离神经干并穿线备用。

3. 心脏标本的制备 剪开胸骨及心包，暴露心脏，用蛙心夹在心脏舒张期夹住心尖部，将心脏提起，仔细辨认出心脏的 9 条血管。只保留左主动脉和左肝静脉，其余全部结扎。将左肝静脉作输入管用，插管后用任氏液灌流，待心脏完全变白后，再行左主动脉插管作输出管用。用任氏液灌注并保持灌流系统通畅。

4. 两心脏的连接　将甲蛙心作供递质心，乙蛙心作受递质心，通过 T 形管的两侧管及气门芯将甲、乙两心连接起来（图 56-1），T 形管的中间管接一段胶管垂直放置，调节其高度使灌流液不至溢出为度。

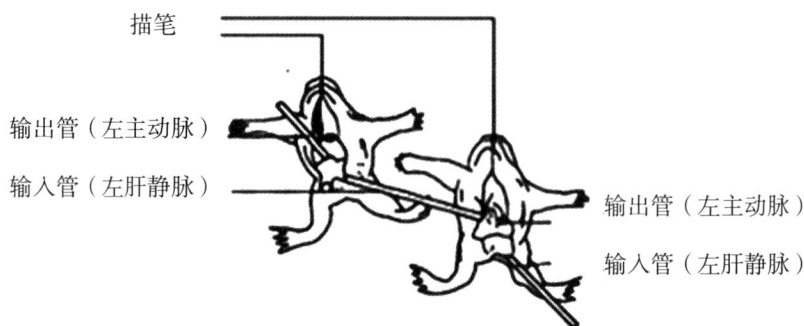

描笔

输出管（左主动脉）

输入管（左肝静脉）

输出管（左主动脉）

输入管（左肝静脉）

图 56-1　蛙在体心脏的连接

5. 系统连接　两蛙心分别通过蛙心夹和丝线连于张力换能器，张力换能器连至 BL-420F 生物机能实验系统第 1、2 通道上。

打开计算机，启动 BL-420F 生物机能实验系统，点击菜单"输入信号"，选择 1 通道、2 通道，点击"张力"，开始实验。

6. 观察项目

（1）选择 1.0s/div 扫描速度描记一段正常心搏（心率和心脏收缩幅度）曲线。

（2）用 0.5V 低电压刺激甲蛙迷走交感神经干，待甲蛙心出现明显效应后，停止刺激，观察乙蛙心搏动的变化。

（3）用 0.002% 毒扁豆碱任氏液（抗胆碱酯酶药）做灌流液，重复观察项目（1）和（2），观察此溶液对心搏的影响。

（4）用 1 ∶ 100 000 阿托品任氏液灌流心脏，重复观察项目（1）和（2），观察心搏有何变化。

一般认为低压刺激易产生迷走效应；高频、高压刺激易产生交感效应；中等频率和中等电压的刺激往往先出现迷走后出现交感的双重效应；左侧神经干的迷走作用较强，右侧交感神经干的作用较强。另外，交感和迷走的作用随季节、温度、动物的个体差异变化较大。

实验操作步骤见图 56-2。

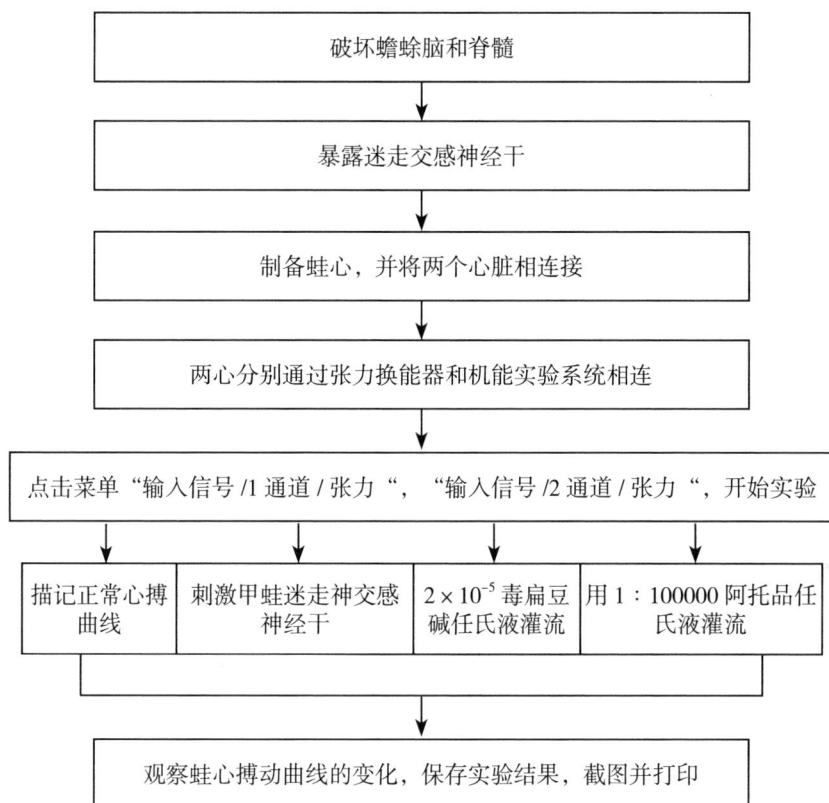

图 56-2　自主性神经递质的释放实验步骤图

【注意事项】

1. 选用两蛙的大小和心搏幅度、频率相近者为宜。
2. 血管结扎要牢，连接两蛙心的胶管应尽量短。
3. 灌流压和灌流速度要保持恒定。
4. BL-420F 生物机能实验系统两个通道的参数需一致。

【思考与练习】

1. 为什么所选用蛙的大小和心搏强度、频率宜相近，如果不相近会有什么结果？
2. 用不同频率和电压的刺激作用于迷走交感神经干，会出现不同的效果，可能的原因是什么？
3. 毒扁豆碱和阿托品对心脏的作用和机制分别是什么？

第三部分　附　篇

一、生理学实验课的目的与要求

（一）目的

生理学实验的目的在于通过实验使学生了解获得生理学知识的基本研究方法，了解生理学实验设计的基本原则，熟悉生理学实验设计的基本原理与方法，掌握生理学实验的基本操作技能，以验证和巩固生理学的基本理论；同时培养学生科学研究的基本素质（严谨的科学作风，实事求是的科学态度，缜密的思维方法，创新意识和自主学习能力），从而提高学生客观地对事物进行观察、比较、分析及独立思考、解决实际问题的能力，以及运用所学知识和技能进行科学研究的能力，为学生进一步深入学习生理学及相关学科奠定基础。

（二）要求

生理学实验不仅要用到许多学生以前没有接触到的实验器械，而且有的实验设备还在不断更新。因此，需要学生认真学习操作过程，能够爱护实验设备，遵守实验室规则。

1. 实验前

（1）学生要仔细阅读实验指导，了解实验的基本内容，包括目的、原理、步骤和观察项目、注意事项。

（2）结合每次实验内容，复习相关理论知识。事先充分理解，并应用已有的理论知识对实验各个步骤可能出现的结果做出预测。

（3）预计实验中可能出现的问题和实验误差，预先制定解决和纠正的方法。

2. 实验中

（1）严格遵守实验室规则，实验器材的安放力求清洁、整齐和有条不紊。

（2）认真听取教师的讲解，特别注意教师对实验步骤的示教操作及注意事项的讲解。严格按照实验步骤进行操作。

（3）仔细观察实验现象，详细、如实地记录实验结果，并联系理论积极分析和思考各种结果产生的原因。对没有达到预期结果的实验项目，要认真分析原因。条件允许的情况下，应重复该部分实验。

（4）在实验过程中，同学之间团结互助，组内分工合作，轮流进行实验项目操作，做到操作机会人人均等。

（5）实验中要严格遵守动物伦理操作，尽量减少动物的恐惧心理和身体痛苦，实验结束后对动物实施安乐死。

（6）实验操作中遇到疑难时，应自行分析问题，设法解决。对解决不了的问题，请指导教师帮助。

（7）爱护实验器材，正确进行仪器和手术器械的操作，充分发挥各种器材的作用，若仪器使用中出现故障，应及时向指导教师报告，保证实验过程顺利进行。

3. 实验后

（1）将实验用具整理就绪，清点并擦洗所有器械，请指导教师验收。如有损坏或缺少，应进行登记或按规定赔偿。

（2）实验结束后，应将实验用相关仪器正确关机。

（3）值日生应做好实验室的清洁卫生工作，离开实验室前应关好水、电、门、窗。

（4）实验完毕后，按指导教师指定的地点集中存放动物尸体，并交付管理方进行掩埋。

（5）整理实验记录，认真撰写实验报告，按时上交，由指导教师批阅。

二、实验结果的整理与实验报告的撰写

整理实验结果和撰写实验报告，是培养学生观察能力和综合分析能力的重要方法。对自己所完成的实验进行科学总结，是实验课最重要的目的之一。通过认真、科学的总结，可使学生把实验过程中获得的感性认识提高到理性认识，明确该实验已证明的问题及已取得的成果。实验报告反映了学生的实验水平及理论水平，也是向他人提供研究经验和研究成果及供本人日后查阅的重要资料。

（一）实验结果的整理

实验结束以后，应对原始记录进行整理和分析。整理实验结果就是将实验过程中所观察到的现象和所获得的数据进行系统化、条理化的整理、归类、分析和统计学处理并找出规律的过程。在实验结果中，凡属于可以定量检测的指标，如高低、长短、快慢、多少等，均应以规定的单位和客观的数值予以表达。必要时可进行统计学处理，以保证结论的可靠性。有些实验数据可以统计表或图表示，使结果鲜明、突出，便于比较。做表格时，要设计最能反映动物变化的记录表。记录单个动物的表现时，一般将观察项目列在表内左侧，由上而下逐项填写，而将实验中出现的变化，按照时间顺序，由左至右逐格填写。需附结果图时，应使用原始记录，以保证结果的真实性。

（二）实验报告的撰写

实验报告是综合评定实验课成绩的重要依据之一，也是培养科研能力、提高科研素养的一个体现。实验者每次实验后应写好报告，交负责教师批阅。应以科学的态度严肃认真地撰写实验报告，为将来撰写科研论文打下良好的基础。实验报告的撰写，要求结

构完整、语句通顺、书写清楚整洁、条理分明、用词规范、详略得当。

实验报告一般包括如下内容：

1. 一般情况　包括实验人员的姓名、学号、年级、专业、班级、组别、实验日期、实验室的温度和湿度、实验室房间号等。

2. 实验题目　即每次的实验名称。

3. 实验目的　说明本次实验的目的，需要掌握、熟悉和了解什么内容，要求尽可能简洁、明了。

4. 实验对象　若为动物，要求写明动物种属、名称、性别、体重和数量等。

5. 实验方法和步骤　如实验指导有详细介绍，只需简明、扼要、清晰、提纲挈领式写明主要实验方法、实验技术和技术路线。

6. 实验结果　实验结果是实验报告中最重要的部分，须绝对保证其真实性。应随时记录实验中观察到的现象（即原始资料），实验告一段落后立即进行整理，不可单凭记忆或搁置了长时间后再做整理，否则易致遗漏或差错。实验报告上一般只列经过归纳、整理的结果，但原始记录应予保存备查。

7. 讨论　讨论应针对实验中所观察到的现象与结果，联系已经学习的理论知识，进行分析和讨论。不能离开实验结果去空谈理论。要判断实验结果是否为预期的。如果属于非预期的，则应该分析其可能原因。讨论的描述一般是：首先描述在实验中所观察到的现象，然后对此现象提出自己的看法或推论，最后运用已经学习的理论知识和文献资料对出现这些现象的机制进行分析。

8. 结论　实验结论是在分析实验结果的基础上得出的概括性判断，也就是对实验所能说明的问题、验证的概念或理论的简要总结。结论要有理有据，并与本实验目的相呼应。

三、生理学实验室规则

1. 实验者必须穿白大衣。

2. 自觉遵守学习纪律，不迟到，不早退，不无故缺席，有事须向老师请假。

3. 实验前

（1）认真预习实验指导及有关理论内容，事先充分理解，并应用已学的理论知识对实验各个步骤可能出现的情况做出预测。

（2）实验器械的领取：各小组组长到生理实验准备室领取本次实验课所需的实验用品，并清点检查所领取的器械。

4. 实验中

（1）保持实验室安静，不大声说话，以免影响别组实验。

（2）按实验操作步骤认真完成实验，实验中爱护实验设备。

（3）任何人不得用微机进行与实验无关的操作。

（4）保持实验室整齐清洁，与学习无关的物品不要带进实验室。

5.实验后

（1）实验结束后各小组清洁实验器械和实验台，归还实验器械。组长应主动找教师检查，合格后在使用记录本上签字。如有缺损，应按规定予以赔偿。

（2）公用物品由教室负责人归还至准备室。

（3）教室卫生及水、电、门、窗等由教师检查无误后，值日生和教室负责人方可离开。

四、生理学常用实验器材及使用方法

1.手术刀　手术刀用于切开皮肤和分离组织。

（1）组成　手术刀由刀柄和可装卸的刀片两部分组成。

1）刀柄　一般根据其长短及大小来分型，常见的有 3 号、3 号加长、4 号、4 号加长、7 号、9 号、18cm 上弯、18cm 下弯（其型号刻于其末端）。一个刀柄可以安装几种不同型号的刀片。刀柄一般与刀片分开存放和消毒。

2）刀片　种类较多，按其形态可分为圆刀、弯刀及三角刀等，常用的有 10 ～ 27、34、36（其型号刻于其根部）。通常，10 号、20 ～ 24 号刀片用于切开皮肤、皮下、肌肉、骨膜等组织；11 号刀片用于切开血管、神经、胃肠道及心脏组织；12 号刀片用于膝部、五官科手术；15 号刀片用于深部组织及眼科、冠状动脉旁路移植术等组织切割。装载刀片时，用持针器夹持刀片前端背部，使刀片的缺口对准刀柄前部的刀楞，稍用力向后拉动即可装上。使用后，用持针器夹持刀片尾端背部，稍用力提取刀片向前推即可卸下（图附1）。

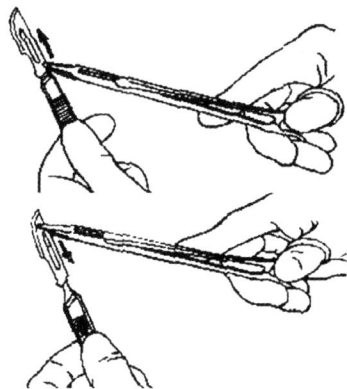

图附 –1　手术刀装卸

实验中可以根据不同的手术要求，选用不同的型号。

（2）持刀方法　正确的持刀方法有 4 种：执弓式（又称操琴式或指压式）、执笔式、握持式（又称抓持式或捏刀式）和反挑式（又称外向执笔式）（图附 2）。①执弓式：为最常用的一种执刀方法，发挥腕和手指的力量，多用于腹部皮肤切开及切断钳夹的组织。②执笔式：用以切割短小切口，用力轻柔而操作精细，如分离血管和神经及切开腹膜小口等，动作和力量主要在手指。③握持式：用于切割范围较广、用力较大的坚硬组织，如筋腱、坏死组织、慢性增生组织等，力量在手腕。④反挑式：是执笔式的转换形式，刀刃由内向外挑开，以避免深部组织或器官损伤，如腹膜切开或挑开狭窄的腱鞘等。

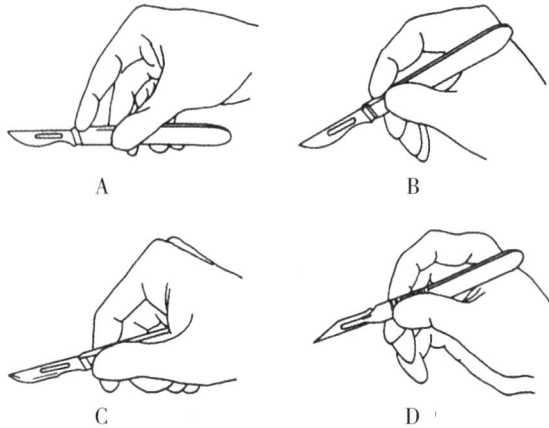

图附 –2　常用执刀方法

A 为执弓式，B 为执笔式，C 为握持式，D 为反挑式

2. 手术剪　手术剪是主要用于剪切皮肤或肌肉等粗软组织的一种手术常用医疗器械。也可用来分离组织，即利用剪刀的尖端插入组织间隙，分离无大血管的结缔组织等。根据其结构特点，有尖、钝，直、弯，长、短各型。依其用途，分为组织剪、线剪。组织剪锐利而精细，用来解剖、剪断或分离剪开组织，有弯剪和直剪之分。通常浅部手术操作用直剪，深部手术操作用弯剪。线剪多为直剪，又分为剪线剪及拆线剪，前者用来剪断缝线、敷料、引流管等，后者是一页钝凹，一页直尖的直剪，用于拆除缝线（图附 –3）。线剪与组织剪的区别在于线剪的刃较钝厚，组织剪的刃锐薄。所以，不能以组织剪代替线剪，以致损坏刀刃，造成浪费。

正确的持剪方法为大拇指和无名指分别扣入剪刀柄的两环，中指放在无名指环的剪刀柄上，食指压在轴节处起稳定和导向作用（图附 4）。

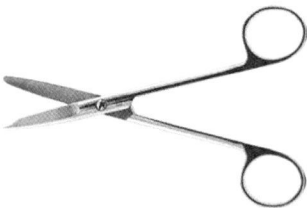

图附 –3　线剪

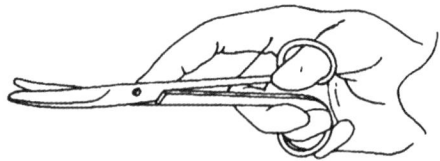

图附 –4　持剪方法

3. 手术镊　手术镊用于夹持和提起组织，以利于解剖及缝合，也可夹持缝针及敷料等。手术镊有长短之分，浅部操作时用短镊，深部操作时用长镊。手术镊还有有齿镊和无齿镊之分。有齿镊又叫外科镊或皮肤镊，镊的尖端有齿，齿又分为粗齿与细齿。粗齿镊用于夹持较硬的组织，损伤性较大；细齿镊用于精细手术，如肌腱缝合、整形手术等。因尖端有钩齿、夹持牢固，但对组织有一定损伤。无齿镊又叫平镊或敷料镊、组织镊，其尖端无钩齿，用于夹持脆弱的组织、脏器及敷料。手术镊还有尖头和圆头之分。

尖头平镊对组织损伤较轻，用于血管、神经手术；圆头镊用于较大或较厚的组织及牵拉皮肤切口。另外，眼科镊子或钟表镊子用于夹捏细软组织。

正确的持镊姿势是拇指对食指与中指，把持两镊脚的中部，稳而适度地夹捏组织（图附 5）。

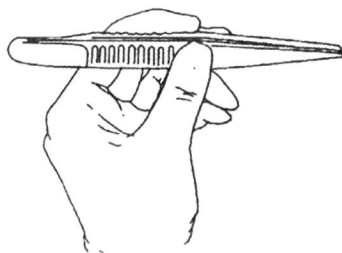

图附 –5 持镊方法

4. 止血钳 用于钳夹血管或出血点以止血或用于分离组织、带引缝线等。止血钳有大、小、直、弯、有齿和无齿之分。直止血钳和无齿止血钳用于皮下组织止血，主要用于手术部位的浅部止血和组织分离。弯止血钳尖端是弯曲的，用于分离、钳夹组织或血管止血，以及协助缝合，主要用于手术深部组织或内脏的止血（图附 –6）。有齿止血钳尖端带齿，主要用于强韧组织的止血、提拉切口处的部分等，用以夹持较厚组织及易滑脱组织内的血管出血，如肠系膜、大网膜等。小号止血钳也叫"蚊式钳"，可用于分离小血管及神经周围的结缔组织。

执拿止血钳的方式与手术剪相同（图附 7）。松钳方法：用右手时，将拇指及第四指插入柄环内捏紧使扣分开，再将拇指内旋即可；用左手时，拇指及食指持一柄环，第三、四指顶住另一柄环，二者相对用力，即可松开。

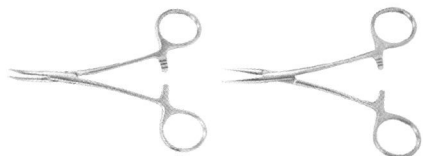

图附 –6 止血钳

图附 –7 持钳法

5. 金属探针 又叫铜毁脊针，用于实验中破坏蛙类动物的脑和脊髓（图附 –8）。

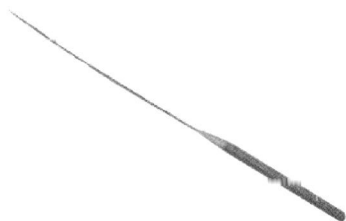

图附 –8 金属探针

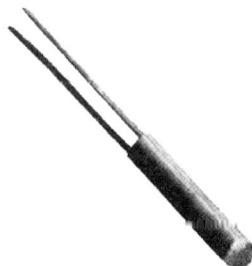

图附 –9 锌铜弓

6. 玻璃分针 用于分离神经和血管等组织，有直、弯两种型号。

7. 锌铜弓 用于对神经 – 肌肉标本施加刺激，检查坐骨神经 – 腓肠肌标本功能是否良好。在生理学实验中，锌铜弓是检验标本功能活性最常用而简易的刺激器。由铜和锌两种金属制成（图附 –9）。锌铜弓具有刺激作用，是因为金属与溶液之间产生电位差，即电极电位。当锌铜弓接触组织时（表面必须湿润），电流便沿 Zn→可兴奋组织→Cu 方向流动。这样，锌铜弓好像一个电池，Zn 如同其阳极，Cu 好像阴极而发挥作用。神经或肌肉的电刺激阈值非常小，所以仅用锌铜弓接触，即可构成刺激，以便检验组织的功能活性。

8. 蛙心夹　用于夹蛙心的夹子（图附 –10）。使用时一端夹住心尖，另一端借缚线连于张力换能器上，以描记蛙类动物的心脏活动。

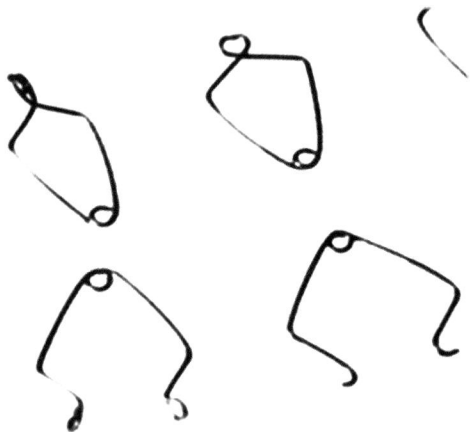

图附 –10　蛙心夹

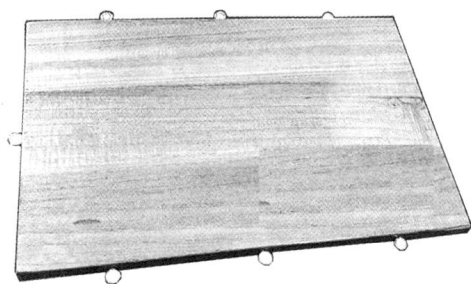

图附 –11　蛙板

9. 蛙板　大小约为 20cm×15cm 并有许多小孔的木板（图附 –11），用于固定蛙类动物以便进行实验。可用蛙钉或大头针将蛙的四肢钉在木板上。

10. 培养皿　是一种用于微生物或细胞培养的实验室器皿，由一个平面圆盘状的底和一个盖组成，一般用玻璃或塑料制成。在生理学教学实验中，可用于盛放任氏液，可将已做好的神经 – 肌肉标本或脏器置于此液中。

11. 骨钳　用于打开颅腔和骨髓腔（图附 –12）。可按动物大小选用相应型号。使用时钳头稍仰起咬切骨质。切勿撕拉、拧扭，以防残骨损伤骨内组织。

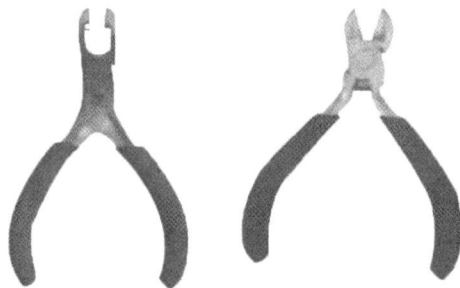

图附 –12　小动物骨钳

12. 动物颅骨钻　用于开颅钻孔（图附 –13），钻孔后用于扩大手术范围。右手握钻，左手固定骨头，钻头与骨面垂直，顺时针方向旋转（目前多为电动），到内骨板时要小心慢转，防止穿透骨板而损伤脑组织。

13. 动脉夹　用于短期阻断动脉血流，如动脉插管时使用。分大、中、小三种型号（图附 –14）。

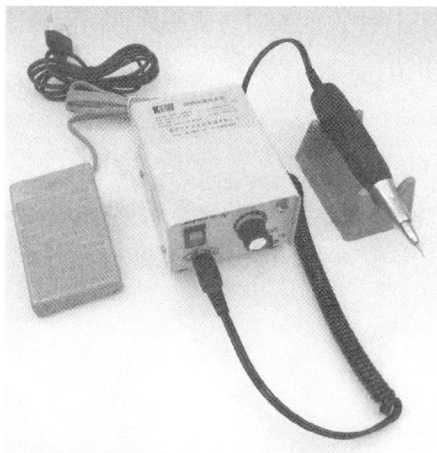

图附 –13　动物颅骨钻

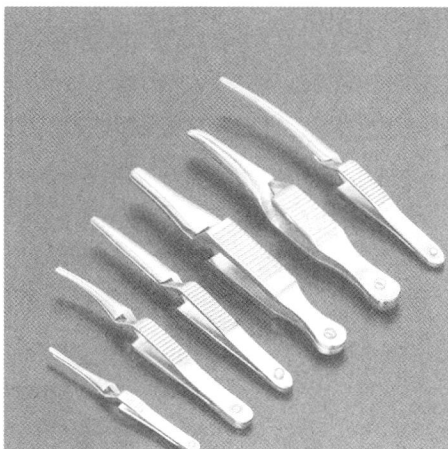

图附 –14　动脉夹

14. 气管插管　用于急性动物实验时插入气管，以保证呼吸道通畅。一端接呼吸换能器描记呼吸运动（图附 –15）。

15. 血管插管　用于动脉、静脉插管。血管插管可用 16 号输血针磨平针头或相应口径的聚乙烯管代替。实验时一端插入动脉或静脉，另一端接压力换能器以记录血压。插管时，管腔内应排出所有气泡，以免影响实验结果（图附 –16）。

16. 三通开关　可按实验需要改变液体流动的方向，便于静脉给药、输液和描记动脉血压。三通开关上旋钮可调整角度，当旋钮上的箭头和下方通口重合时即为液体流通方向，否则为不通（图附 –16）。

图附 –15　气管插管

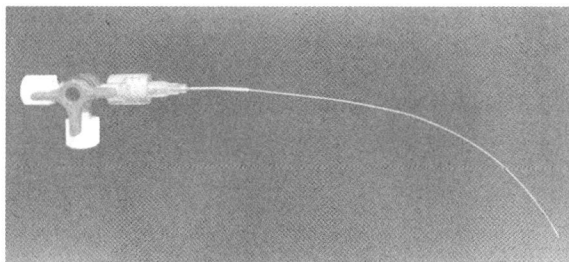

图附 –16　血管插管和三通开关

17. 手术线　用于缝合组织和结扎血管。手术所用的线应具有下列条件：有一定的张力、易打结、组织反应小、无毒、不致敏、无致癌性、易灭菌和保存。

18. 换能器　又称传感器，是指将机体生理活动的非电信号转换成与之有确定函数关系的电信号的变换装置。换能器的种类繁多，生理学实验常用的主要有压力换能器、张力换能器和呼吸换能器三种。

（1）压力换能器　压力换能器（图附 –17）主要用于测量血压、心内压、颅内压、胸腔内压、胃肠内压、眼内压等。当外界压力作用于换能器时，敏感元件的电阻值发生变化，引起电桥失衡，导致换能器产生电信号输出。

图附 –17　压力换能器　　　　　　　　图附 –18　张力换能器

（2）张力换能器　张力换能器（图附 –18）主要用于记录肌肉收缩曲线，其工作原理与压力换能器相似。张力换能器把张力信号换成电信号输入。

（3）呼吸换能器　用法同压力换能器（图附 –19）。

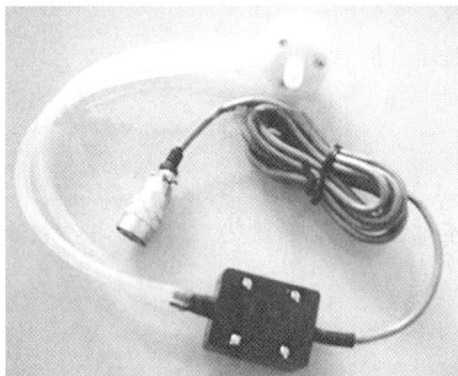

图附 –19　呼吸换能器　　　　　　　　图附 –20　保护电极

19. 保护电极　刺激在体深部组织时，避免电流刺激周围组织，常需用保护电极。电极的金属丝包埋在绝缘套内，前端仅有一侧槽露出电极丝作用于组织（图附 –20）。

20. 电刺激器　生理学实验中应用最多的刺激方式是电刺激。由于电刺激在刺激频率、强度及刺激持续时间方面均易于精确控制，故生理学实验中常用电脉冲作为刺激。

五、BL–420F 生物机能实验系统的使用

（一）概述

生物机能实验系统是研究生物功能活动的主要设备和手段之一。通过生物机能实验系统可观察到各种生物机体内或离体器官中探测到的生物电信号及张力、压力、温度等

生物非电信号的波形，从而对生物机体在不同的生理实验条件下所发生的功能变化加以记录与分析。

生物机能实验系统的基本原理，首先是将原始的生物机能信号，包括生物电信号和通过传感器引入的生物非电信号进行放大、滤波（由于在生物信号中夹杂有众多声、光、电等干扰信号，比如电网的 50Hz 信号，这些干扰信号的幅度往往比生物电信号本身的强度还要大，如果不将这些干扰信号滤除掉，可能会因为过大的干扰信号致使有用的生物机能信号本身无法观察）等处理，然后对处理的信号通过模数转换进行数字化，并将数字化后的生物机能信号传输到计算机内部，计算机则通过专用的生物机能实验系统软件对接收的信号进行实时处理。一方面进行生物机能波形的显示，另一方面可以进行生物机能信号的存贮。对于存贮在计算机内部的实验数据，生物机能实验系统软件可以随时将其调出进行观察和分析，还可将重要的实验波形和分析数据进行打印。

BL-420F 生物机能实验系统是成都泰盟公司推出的生物机能实验系统，由硬件和软件两大部分组成。系统硬件由外置 USB 接口连接计算机，主要用于采集和记录动物在体和离体器官中产生的微弱电信号或非电信号，如神经放电、胃肠电、脑电、肌电和心电及血压、呼吸、肌张力等信号，能较好地完成生理学、药理学和病理生理学等实验教学及科研工作。

（二）BL-420F 生物机能实验系统硬件系统

BL-420F 生物机能实验系统硬件装置的前面板如图附 -21 所示：

1. CH1、CH2、CH3、CH4　5 芯生物信号输入接口，与软件上通道 1、2、3、4 相对应。4 个通道输入接口可以直接连接引导电极，用以输入信号，也可以连接张力或压力传感器，用来输入张力或压力信号。这 4 个通道的性能指标完全一样，可以互换使用。

2. POWER　电源指示，发光二极管。

3. ECG　全导联心电输入口，用于输入全导联心电信号。

4. DROP　2 芯记滴输入接口。

5. ⊓　电压方波刺激，2 芯刺激输出接口。

BL-420F 生物机能实验系统的后面板包含有电源开关、电源插孔、接地柱和 USB 接口 4 个部分。

图附 -21　BL-420F 生物机能实验系统硬件装置的前面板

（三）BL–420F 生物机能实验系统的 TM–WAVE 软件的功能和操作

BL–420F 生物机能实验系统软件的主界面如图附 –22 所示。在主界面自上而下有标题条、菜单条、工具条、波形显示窗口、数据滚动条、反演按钮区和状态条 6 个部分。自左到右有标尺调节区、波形显示窗口和分时复用区 3 个部分。在标尺调节区的上部是通道选择区，其下方是 Mark 标记区。分时复用区包括控制参数调节区、显示参数调节区、通用信息显示区、专用信息显示区和刺激参数调节区 5 个分区，他们分时占用屏幕右边的相对应的显示区域，可以通过分时复用区中的 5 个切换按钮进行切换。

图附 –22　BL–420F 生物机能实验系统主界面

1. 标题条　标题条显示 TM–WAVE 软件的名称。

2. 菜单条　在主界面上显示的顶级菜单条上有 9 个选项，分别是文件、编辑、设置、输入信号、实验项目、数据处理、工具、窗口及帮助。下面对常用菜单条进行大概说明。

（1）文件　用鼠标单击"文件"选项时，将弹出"文件"下拉菜单（图附 –23）。自上而下是"打开""另存为""保存配置""打开配置""打开上一次实验配置""高效记录方式""安全记录方式""打印""打印预览""打印设置""最近文件""退出"等选项，实验者可根据需要进行选择。

（2）设置　单击"设置"菜单项时，可弹出下拉菜单，包括"工具条""状态栏""实验标题""实验人员""实验相关数据""计滴时间""实时测量时间""自动导出 excel 时间""光标类型""数据剪辑方式"等选项。

（3）输入信号　若进行的实验没有包含在"实验项目"的子菜单中，则应用"输入信号"项目来进行

图附 –23　文件菜单

数据的采样和分析。用鼠标单击"输入信号"选项时，将弹出下拉菜单。信号输入菜单中包括有 1 通道、2 通道、3 通道、4 通道共 4 个菜单项，每个菜单项有一个输入信号选择子菜单。以 1 通道为例，当选择"1 通道"菜单项时，会向右弹出一个输入信号选择子菜单（图附 –24），用于具体指定 1 通道的输入信号类型。其中，具体的输入信号类型包括动作电位、神经放电、肌电、脑电、眼电、心电、心肌细胞动作电位、胃肠电、慢速电信号、中心静脉压、左室内压、压力、张力、呼吸、温度及距离。在选定了 1 通道的输入信号类型后，可以再通过"输入信号"菜单继续选择其他通道的输入信号。当选定所有通道的输入信号类型之后，使用鼠标单击工具条上的"开始"命令按钮，就可以启动数据采样，记录和观察生物信号的波形变化。采用具体指定各通道输入信号的方法，可以方便地进行多种信号的同时描记和综合分析。同时，也可以用这个方法替代"实验项目"中的模块。

图附 –24 输入信号选择菜单

（4）实验项目 用鼠标单击"实验项目"选项时，将弹出"实验项目"下拉菜单，其中包含有 10 个菜单项，分别是肌肉神经实验、循环实验、呼吸实验、消化实验、感觉器官实验、中枢神经实验、泌尿实验、药理学实验模块、病理生理学模块及无创血压测量等，每个菜单项都包含子菜单（图附 –25）。

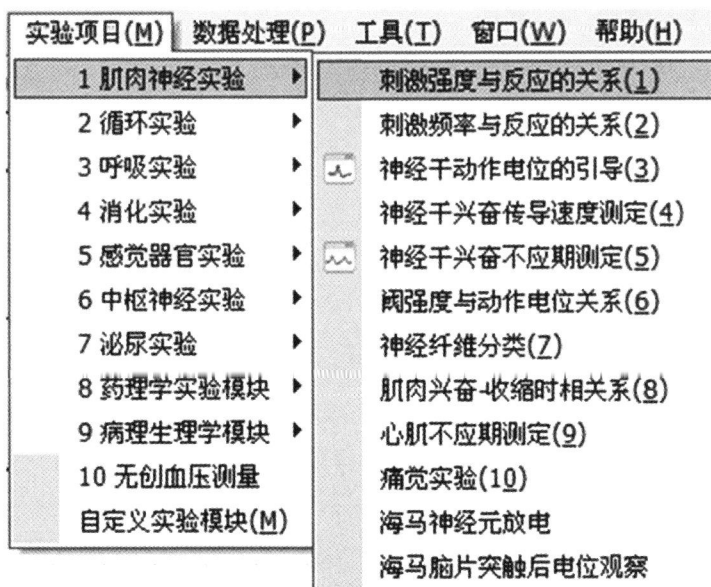

图附 –25 实验项目下拉式菜单

实验项目组下包含有按性质归类的若干个具体的实验模块，当选择某一类实验，如肌肉神经实验时，则会向右弹出一个包含该类中具体实验模块的子菜单。可以根据需要从中选择一个实验模块，当选择了一个实验模块之后，系统将自动设置该实验所需的各项参数，包括信号采集通道、采样率、增益、时间常数、滤波及刺激器参数等，并且将自动启动数据采样，使实验者直接进入到实验状态。

（5）数据处理 用鼠标单击"数据处理"菜单项时，"数据处理"下拉式菜单将被弹出。数据处理菜单中包括有微分、积分、频率直方图、频谱分析、三维频谱分析、长时程脑电频谱分析、序列密度直方图、非序列密度直方图、平均动脉压、心率曲线、计滴趋势图、刺激强度–时间曲线、计算直线回归方程、计算 PA_2、PD_2 和 PD_2'、计算药效参数 LD_{50}、$ED_{50}(E)$、计算半衰期、t 检验、两点测量、区间测量、细胞放电数测量、心肌细胞动作电位测量、血流动力学参数测量和数字滤波等命令。

3. 工具条 BL–420F 生物机能实验系统软件的工具条上一共有二十多个工具条按钮，代表二十多条不同的命令（图附 –26）。从左向右依次为系统复位、拾取零值、启动光刺激打开、另存为、打印、打印预览、打开上一次实验设置、数据记录、开始、暂停、停止等命令。下面对工具条几个常用命令进行介绍。

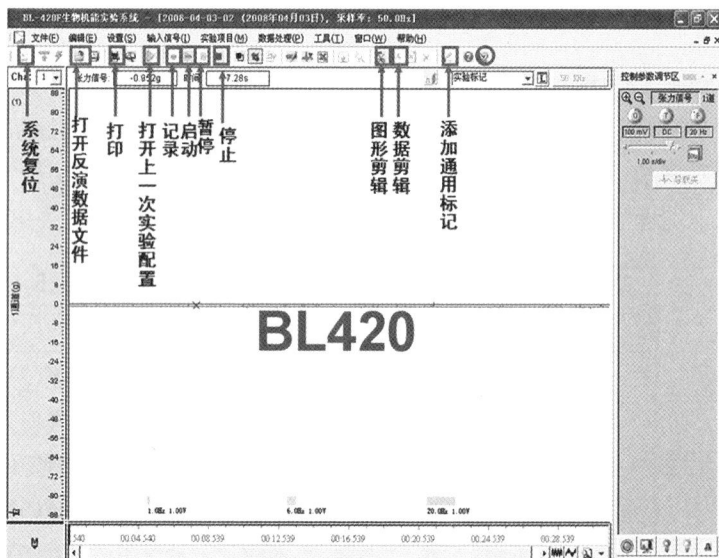

图附 –26 工具条主要命令

代表"系统复位"命令。选择"系统复位"命令将对 BL–420F 生物机能实验系统的所有硬件及软件参数进行复位，即将这些参数设置为默认值。

代表"打开反演数据文件"命令，与"文件"菜单中的"打开"命令功能相同。

代表"打印"命令，与"文件"菜单中的"打印"命令功能相同。

代表"打开上一次实验配置"命令，与"文件"菜单中的"打开上一次实验配置"命令功能相同。

●代表"记录"命令。

代表"开始实验"命令。选择该命令，将启动数据采集，并将采集到的实验数据显示在计算机屏幕上。在反演时，该命令用于启动波形的自动播放。

代表"暂停实验"命令。选择该命令后，将暂停数据采集与波形动态显示；反演时，该命令用于暂停波形的自动播放。

■代表"停止实验"命令。选择该命令，将结束当前实验，同时发出"系统参数复位"命令，使整个系统处于开机时的默认状态；但该命令不复位设置的屏幕参数，如通道背景颜色、基线显示开关等。

代表"图形剪辑"命令。

代表"数据剪辑"命令。数据剪辑是指将选择的一段或多段反演实验波形的原始采样数据按 BL-420F 生物机能实验系统的数据格式提取出来，并存入到 BL-420F 生物机能实验系统格式文件中。

代表"添加通用标记"命令。

4. 分时复用区　主界面的最右边是一个分时复用区（图附 -27）。在该区域内包含有 5 个不同的分时复用区域：控制参数调节区、显示参数调节区、通用信息显示区、专用信息显示区和刺激参数调节区。通过分时复用区底部的切换按钮进行切换。

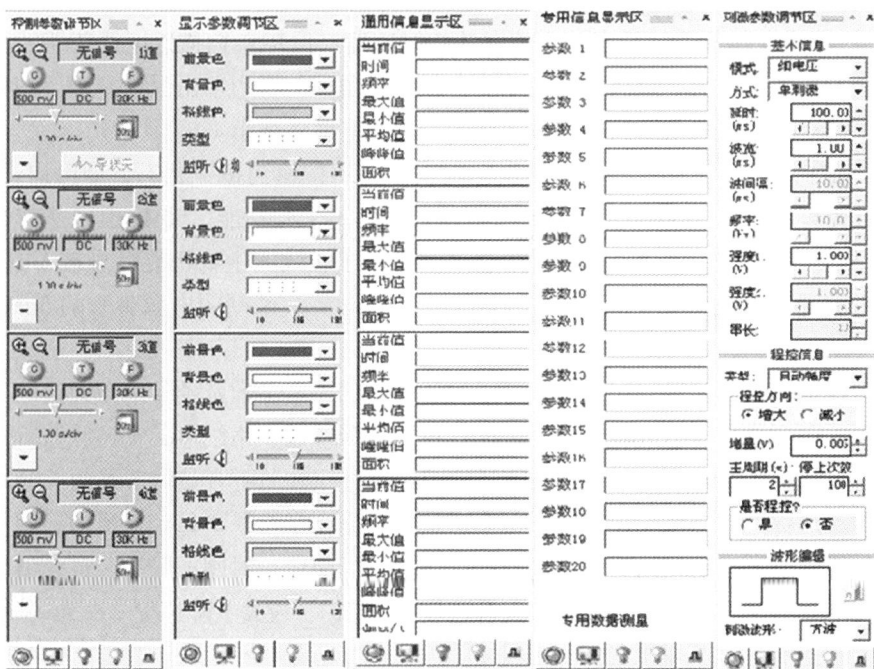

图附 -27　分时复用区

（1）控制参数调节区　控制参数调节区是用来设置 BL-420F 生物机能实验系统硬卡参数及调节扫描速度的区域，对应于每一个通道有一个控制参数调节区，用来调节该通道的控制参数（图附 28）。

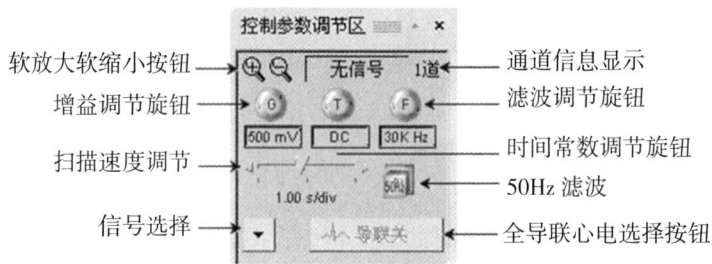

图附 -28　控制参数调节区

1）软件放大和缩小按钮　用于对信号波形的放大和缩小。

2）通道信息显示区　用于显示信号类型，如心电、压力、张力等。

3）"G"旋钮　为增益调节旋钮，用于调节通道信号的放大倍数。鼠标放在旋钮上单击左键或右键即可。

4）"T"旋钮　为时间常数调节旋钮，用于调节时间常数（高通滤波）档位，抑制低频干扰信号。用法同旋钮"G"。

5）"F"旋钮　为滤波调节旋钮，用于调节低通滤波的档位，抑制高频干扰信号。用法同旋钮"G"。

6）扫描速度调节器　用于改变波形的扫描速度。鼠标在扫描速度调节器的绿色向下三角形上，按住鼠标左键向左右拖动。在绿色三角形的右边单击鼠标左键，扫描速度将增大 1 档；在绿色三角形的左边单击鼠标左键，速度将减小 1 档。

7）50Hz 滤波按钮　在其上单击鼠标左键，显示按钮为按下状态，即已启动 50Hz 抑制功能；再次点击，显示按钮为弹起状态，则关闭了此功能。50Hz 信号是交流电源中最常见的干扰信号，如果 50Hz 干扰过大，会造成有效的生物机能信号被 50Hz 干扰淹没，无法观察到正常的生物信号，需要使用 50Hz 滤波来削弱电源带来的 50Hz 干扰信号。

（2）显示参数调节区　用来调节每个显示通道的显示参数及硬卡中该通道的监听器音量，从上到下分为 5 个区域，分别是前景色、背景色区、格线色、类型和监听音量调节区，其中监听音量调节区包括监听音量调节选择按钮和监听音量调节器两部分。

（3）通用信息显示区　用来显示每个通道的数据测量结果。每个通道的通用信息显示区显示的测量类型是相同的，测量的参数包括：当前值、时间、频率、最大值、最小值、平均值、峰 - 峰值、面积、最大上升速度（d_{max}/t）、最大下降速度（d_{min}/t）、斜率和 LVEDP。在进行生物机能实验的过程中，每隔 2s 系统要对每个采样通道的当前屏数据做一次测量，并将结果及时地显示在通用信息显示区中。

（4）专用信息显示区　用来显示某些实验模块专用的数据测量结果。

（5）刺激参数调节区　由上至下的 3 个部分分别为基本信息、程控信息、波形编辑。

5. 特殊实验标记的使用、编辑　在实验过程中，往往需要在实验波形有所变化的部分，比如加药前后添加一个实验标记，以明确实验过程中的变化，同时也为反演数据的查找留下依据。在 BL-420F 生物机能实验系统软件中，有两种类型的实验标记供选择，分别是通用实验标记和特殊实验标记。通用实验标记对所有的实验效果相同，其形式为在通道显示窗口的顶部显示一向下箭头，箭头的前面有一个顺序标记的数字，比如 1、2、3 等，箭头的后方则显示添加标记的绝对时间。添加通用实验标记的操作简单，只需按下工具条上的"通用实验标记"命令按钮即可。特殊实验标记选择区位于 BL-420F 生物机能实验系统主界面的右上方，包含"特殊实验标记选择列表"和"打开特殊实验标记编辑框"按钮"L"，参见图附 -29。

特殊实验标   **实验标记项**   打开特殊实验标记
记选择列表   编辑对话框按钮

图附 -29　特殊实验标记选择区

特殊实验标记是对波形的文字说明。在实验过程中，从"实验标记项"列表框选择一个特殊标记，然后在需要添加特殊标记的波形旁边单击一下鼠标左键即可在指定的位置添加上选择的特殊实验标记。添加特殊实验标记时需要注意：当添加了一个特殊实验标记后，再添加另一个特殊实验标记或者重复添加刚才使用过的特殊实验标记，需要在"实验标记项"列表框中再做一次选择。另外，对于特殊实验标记，除了可以在实时实验的过程中进行添加以外，当实验结束后还可以在数据反演回放时进行添加、编辑或删除。当反演波形时可以在一个需要添加标记的波形旁边单击鼠标右键，在弹出的对话框中选择"添加特殊标记"，在编辑框中输入新添加的特殊实验标记内容；或对一个已有的特殊实验标记单击鼠标右键，在弹出的对话框中选择"编辑特殊标记"对原标记进行编辑，或对一个已有的特殊实验标记单击鼠标右键，弹出"删除特殊标记"进行删除。

6. 数据剪辑与图形剪辑

（1）数据剪辑　指实验结束后将选择的一段或多段反演实验波形的原始采样数据按 BL-420F 生物机能实验系统的数据格式提取出来，并存入到指定名字的 BL-420F 生物机能实验系统格式文件中。

BL-420F 生物机能实验系统数据剪辑的具体操作步骤如下：

1）在整个反演数据中查找需要剪辑的实验波形。

2）在需要剪辑的实验波形左上角按下鼠标左键不放，向右下方拖动鼠标以进行区域选择，当选择好区域后松开鼠标左键即完成区域选择操作。

3）按下工具条上的数据剪辑命令按钮，或者在选择的区域上单击鼠标右键弹出快捷菜单并且选择数据剪辑功能，就完成了一段波形的数据剪辑。

4）重复以上 3 步对不同波形段进行数据剪辑。

5）点击工具条的"停止"按钮，在停止反演时，一个以"cut. tme"命名的数据剪辑文件将自动生成，也可以为这个数据剪辑文件更改文件名。使用时与打开反演数据文件同样的方法打开这个数据剪辑文件，然后进行反演，也可对剪辑后的数据文件再一次进行数据剪辑。

数据剪辑的文件存贮在 \ data \ 子目录下，其文件扩展名为 tme。

（2）图形剪辑　指从通道显示窗口中选择的一段波形连同数据一起以图形的方式发送到 Windows 操作系统的一个公共数据区内，系统可自动将图形粘贴到 BL-420F 生物机能实验系统软件的剪辑窗口中或任何可以显示图形的 Windows 应用软件，方法是选择软件"编辑"菜单中的"粘贴"命令即可。图形剪辑的目的有二：一是为了实现不同软件之间的数据共享；二是将多幅波形图剪辑在一起，形成一张拼接图形（可以在生物机能实验系统软件的剪辑窗口中或 Windows 软件的画图软件中完成图形的拼接工作），然后打印。

数据导出的具体操作步骤如下：

1）在实时实验过程或数据反演中，按下"暂停"按钮使实验处于暂停状态，点击工具条上的"图形剪辑"按钮，该按钮即处于激活状态。

2）对需要的一段波形进行区域选择，可以只选择一个通道的图形或同时选择多个通道的图形。

3）当进行了区域选择以后，图形剪辑窗口出现，选择的图形将自动粘贴到图形剪辑窗口中。

4）选择图形剪辑窗口右边的"Exit"按钮或点击"退出图形剪辑页"图形按钮，可以退出图形剪辑窗口。

5）重复上述步骤剪辑其他波形段的图形，然后拼接成一幅整体图形，可以打印或存盘，也可以把这张整体图形复制到其他应用程序中。

（3）图形剪辑窗口　通过此窗口可完成一些基本的图形编辑。

图形剪辑窗口（图附 -30）分为图形剪辑页和图形剪辑工具条两部分。图形剪辑页在图形剪辑窗口的左边，占图形剪辑窗口的大部分空间，图形剪辑页用于拼接和修改从

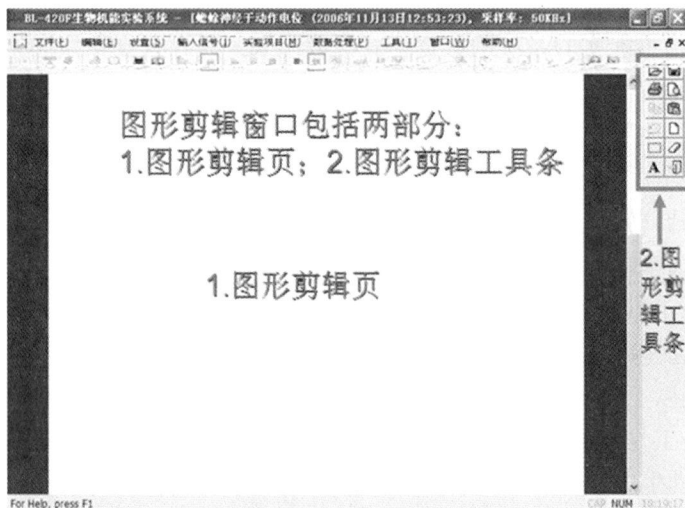

图附 -30　图形剪辑窗口

原始数据通道剪辑的波形图。剪辑的图形只能在剪辑页的白色区域内移动。图形剪辑工具条在图形剪辑窗口的右边。当刚进入图形剪辑窗口的时候，图形剪辑工具条上的大部分命令按钮处于不可用的灰色状态，这时在图形剪辑页的任意位置单击鼠标左键，图形剪辑工具条上的命令按钮才可以使用。

进入图形剪辑窗口的方法：①执行图形剪辑操作后自动进入；②选择工具条上的"图形剪辑窗口"命令按钮。

下面对 12 个剪辑命令按钮分别说明：

🖿 代表"打开已存贮位图文件（bmp 文件）"命令。此命令与通用工具条上的"打开"命令类似，但其打开的文件类型为以 bmp 为后缀名的文件。选择该命令，将弹出"打开"对话框，选择所要打开的文件。

🖫 代表"另存为"命令。此命令与"文件"菜单中的"另存为"命令相似，但是在图形剪辑窗口中选择这个命令，将把图形剪辑页中的当前图形存贮到文件中保存，以后可以在图形剪辑页中重新打开这个文件，或者在 Windows 其他应用软件中打开或插入这个图形。当选择此命令后，将弹出"另存为"对话框，默认的文件名是"temp.bmp"，也可为将要存贮的图形取一个有意义的名字。

🖨 代表"打印当前剪辑页"命令。此命令与"文件"菜单中的"打印"命令功能相似。选择这个命令，将打印当前剪辑页中的图形。

🔍 代表"打印预览"命令。此命令与"文件"菜单中的"打印预览"命令功能相似，用于显示图形剪辑页中图形的打印预览波形。

▦ 代表"选择并移动"命令。使用此命令在图形剪辑页上选择一块区域，然后复制或者将其移动到图形剪辑页的其他位置。选择区域的方法是：当选择这个命令后，在剪辑页中移动的鼠标将变为一个中空的十字，首先移动鼠标到需要选择区域的左上角，然后按下鼠标左键不放，移动鼠标到选择区域的右下角，此时，有一个虚线方框随着鼠标的移动而移动，虚线方框代表选择的区域。当选择好区域以后，松开鼠标左键，即完成了图形剪辑页的区域选择。此时，图形剪辑条上的"复制"功能变得可用。如果将鼠标移动到这块剪辑区域上，鼠标将变为一只手的形状，表明可以移动这块选择的区域。在剪辑页中，刚粘贴的或刚选择的区域都是可以移动的区域。

🖺 代表"复制选择图形"命令。当使用图形剪辑工具条上的"选择并移动"命令从图形剪辑页上选择了一块图形区域，该命令变的可用。该命令将选择的一块图形区域复制到 Windows 公共数据存储区—剪辑板中，一旦复制了所选择的区域，就可在图形剪辑页中使用"粘贴"功能将复制的图形再一次放入到图形剪辑页中，也可以在任何的 Windows 应用程序，如 Word、Excel 中选择"粘贴"命令，将选择的图形插入到这些应用程序中以实现 Windows 中数据共享的强大功能。在没有选择图形剪辑页上任何一块图形区域的情况下，该功能不可使用。

🖺 代表"粘贴选择区域"命令。该命令将 Windows 公共数据存储区—剪辑板中的数据插入到图形剪辑页中。当从通用工具条上选择了"图形剪辑"命令，然后在通道显示窗口中选择了一段波形之后，该段波形连同其测量数据将被自动复制到 Windows 的剪辑板中，然后 BL–420F 生物机能实验系统软件将自动进入到其图形剪辑窗口中，并立即自动执行"粘贴"命令，将选择的图形连同数据一起显示在图形剪辑窗口的左上角。使用上面介绍的"复制"功能可以改变 Windows 剪辑板中的内容，可以通过这个命令将 Windows 剪辑板中的图形粘贴在图形剪辑页的左上角。

　　🔁代表"撤销上一条操作"命令。

　　🗋代表"刷新整个剪辑页"命令。选择这个命令将清空整个剪辑页，即将剪辑页上所有的图形全部擦掉，只留下一张空白的剪辑页。可以通过"撤消"命令取消上一次的"刷新"操作。

　　🖊代表"擦除选择区域"命令。选择此命令后，在剪辑页中移动的鼠标将变为一个中空的十字，使用与"选择并移动"命令相同的方法选择需要擦除的区域，松开鼠标左键将擦除选择的区域。

　　🅰代表"写字"命令。选择该命令可以在图形剪辑页上写字，比如为了给某一个图形加注释。选择该命令后，在剪辑页中移动的鼠标将变为一个中空的十字，使用与"选择并移动"命令相同的方法选择写字区域，松开鼠标左键将出现一个矩形的写字框，有一个文本光标在写字框内闪烁，指定写字的位置。在选定的写字框内书写注释，书写完注释后，在剪辑页上写字区域以外的任何地方单击鼠标左键，将完成本次写字操作。

　　🔲代表"退出图形剪辑页"命令。选择该命令将从图形剪辑页中退出，并显示正常的通道显示窗口。

六、生理学实验常用溶液及配制方法

（一）常用盐溶液

　　生理学实验常用的生理盐溶液有生理盐水、任氏液、台氏液和乐氏液等。配制时，先将各成分分别配制成一定浓度的基础溶液，然后按下表所列分量混合而成（表附 –1）。

表附 –1　生理学实验常用盐溶液成分表（盐：g，水：mL）

药品名称	生理盐水		任氏液	乐氏液	台氏液
	两栖类动物	哺乳类动物	两栖类动物	哺乳类动物	哺乳类动物（小肠）
氯化钠（NaCl）	6.50	9.0	6.50	9.00	8.00
氯化钾（KCl）	—	—	0.14	0.42	0.20
氯化钙（CaCl₂）	—	—	0.12	0.24	0.20

续表

药品名称	生理盐水		任氏液	乐氏液	台氏液
	两栖类动物	哺乳类动物	两栖类动物	哺乳类动物	哺乳类动物（小肠）
氯化镁（$MgCl_2$）	－		－	－	0.10
硫酸镁（$MgSO_4 \cdot 7H_2O$）	－		－	－	－
葡萄糖（G·S）	－		2.00	1～2.5	1.00
碳酸氢钠（$NaHCO_3$）	－		0.20	0.1～0.3	1.00
磷酸二氢钾（KH_2PO_4）	－	0.01	－	0.05	－
蒸馏水（H_2O）	加至1000	加至1000	加至1000	加至1000	加至1000

　　本表为配制 1000mL 溶液之用量。配制时，在加各种盐的顺序中，$CaCl_2$ 排最后。葡萄糖是临用时加入。

（二）常用抗凝剂的配制

　　1. 草酸钾　常用于血细胞比容测定，能使血液凝固过程中所必需的钙离子沉淀达到抗凝的目的。在试管内加饱和草酸钾溶液 2 滴，轻轻叩击试管，使溶液均匀分散到管壁四周，置低于 80℃的烘箱内烤干备用。此抗凝管可用于 2～3mL 血液的抗凝。

　　2. 肝素　肝素的抗凝作用很强，常用来作为全身抗凝剂。特别是在进行微循环方面的动物实验时，肝素的应用更有其重要意义。市售肝素注射液浓度为 12 500U/mL，相当于肝素 125mg，应置于 4℃保存。体外（试管内）抗凝时，取 1% 肝素生理盐水溶液 0.1mL 于试管内，均匀浸润试管内壁，放入 80～100℃烘箱中烤干备用。每管可用于 5～10mL 血液的抗凝。用于动物体内抗凝时，常用量为：

　　狗：5～10mg/kg；

　　兔：10mg/kg；

　　鼠：2.5～3.0mg/200～300g 体重。

　　3. 枸橼酸钠　枸橼酸钠通过使血浆中的钙离子失活达到防止血液凝固的目的。其抗凝作用较差，碱性较强，不宜做体内抗凝和化学检验之用，可用于红细胞沉降率的测定。体外抗凝常用 3.8% 枸橼酸钠溶液，用量为枸橼酸钠溶液：血液＝1：9。急性动物实验常用 5%～7% 枸橼酸钠溶液抗凝。

附　录　实验项目考核方式 ▷▷▷

1. 考核方式　形成性考核。

2. 成绩评定　按十分制计，其中教师评价占 8.5 分，学生的自评互评成绩占 1.5 分。确定最终成绩后再折合入课程总成绩中。

实验项目评分标准（10 分）

项目	操作技术要求	分值	得分	备注
人文素质	着装整齐，台面干净，爱护设备	1.0		
考勤	是否缺席	1.0		
实验态度	态度端正，认真谨慎，独立思考，听从带教教师安排	1.0		
动手能力	是否积极动手，操作熟练规范	2.0		
发现问题、分析问题和解决问题的能力	是否能够及时发现问题、正确分析问题和独立解决问题	1.0		
实验报告	报告完整，详略得当，格式规范，结果真实客观，讨论充分	2.0		
整理复位	冲洗仪器，把实验台面和器材回复到实验前的状态	0.5		
小组自评、互评	是否按要求真实客观进行评价	1.5		

主要参考书目 ▷▷▷▷

1. 施雪筠 . 生理学实验指导 . 北京：中国中医药出版社，2004.

2. 周溢彪，侯勇 . 生理学基础实验指导与同步训练 . 北京：中国中医药出版社，2013.

3. 周乐全 . 生理学实验指导 . 北京：科学出版社，2014.

4. 苗维纳，杜联 . 生理学实验教程 . 北京：科学出版社，2015.

5. 郭健，杜联 . 生理学实验 .2 版 . 北京：人民卫生出版社，2017.

6. 王庭槐 . 生理学 .9 版 . 北京：人民卫生出版社，2018.